Hesse/Schrader

# Training
# Initiativbewerbung

Auffallen

Überzeugen

Gewinnen

 zum download
→ alle Musterbewerbungen
zum individuellen Bearbeiten

**STARK**

## Die Autoren

Jürgen Hesse, Jahrgang 1951, Diplom-Psychologe
im Büro für Berufsstrategie, Berlin.
Hans Christian Schrader, Jahrgang 1952, Diplom-Psychologe
in Baden-Württemberg.

## Anschrift der Autoren

Hesse/Schrader
Büro für Berufsstrategie
Oranienburger Straße 4–5
10178 Berlin
Tel. 030 288857-0
Fax 030 288857-36
www.hesseschrader.com

 **www.**

Zusätzlich zu diesem Buch erhalten Sie folgenden **Online Content**, den Sie nutzen können, um Ihre eigenen Bewerbungsunterlagen schneller und einfacher zu erstellen:

**Alle Bewerbungsbeispiele aus diesem Buch zum Herunterladen und Bearbeiten (RTF-Format)**

Um den Online Content nutzen zu können, folgen Sie den Anweisungen auf der Seite **www.berufundkarriere.de/onlinecontent**

Die in diesem Band verwendeten Personenbezeichnungen schließen selbstverständlich beide Geschlechter ein, auch wenn teilweise nur die männliche Form verwendet wird, um einen besseren Lesefluss zu gewährleisten.

Verlag und Autoren bedanken sich bei den auf den Bewerbungsfotos abgebildeten Personen und bei den Fotografen Katy Otto, Regine Peter und Antonius, bei denen das Copyright für die Fotos in diesem Buch liegt.

ISBN 978-3-86668-985-5

© 2017 (2) Stark Verlag GmbH
www.berufundkarriere.de

# Inhalt

# Auf ein Wort

**Sie haben sich entschlossen, aktiv zu werden.**
Eine gute Entscheidung! Dass die aktive Suche nach einem neuen Job, der genau zu Ihnen passt, kein Kinderspiel ist, wissen Sie. Wir werden Sie unterstützen und Ihnen helfen, schnellstmöglich die größtmöglichen Erfolge mit Ihrem Vorhaben zu erzielen.

**In diesem Ratgeber lernen Sie(,) ...**
- effektive Methoden der Recherche und Kontaktaufnahme.
- wie überzeugende Bewerbungsunterlagen aussehen können.
- Ihre ganz persönlichen Stärken zu ermitteln.
- wie Sie Ihre Fähigkeiten optimal präsentieren.

Und natürlich zeigen wir Ihnen anhand von zahlreichen Beispielen die gängigsten Formen der Initiativbewerbung wie:

- klassische Initiativbewerbung in kurzen und ausführlichen Varianten
- E-Mail-Bewerbung und weitere digitale Bewerbungsformen
- telefonische Erstkontaktaufnahme
- Kontaktaufnahme per Flyer oder Profilcard

Als **Online Content** stehen Ihnen die Bewerbungsbeispiele aus diesem Buch zum Bearbeiten zur Verfügung. Folgen Sie der Anleitung auf der Seite: **www.berufundkarriere.de/onlinecontent**.

**Hesse/Schrader – unser beruflicher Hintergrund:**
Seit über 30 Jahren beraten wir in unserem Berliner *Büro für Berufsstrategie* erfolgreich Bewerber. Aus unserer täglichen Berufspraxis wissen wir, worauf es wirklich ankommt und wie man einen neuen Arbeitsplatz bekommt. Wichtig ist: Das Unternehmen, bei dem Sie sich bewerben, soll durch Ihre eingereichten Unterlagen den Eindruck gewinnen, dass Probleme besser gelöst und Arbeitsaufgaben effizienter bewältigt werden können, wenn man Sie einstellt.

**Wir zeigen Ihnen in diesem Buch,** wie Sie Ihre Initiativbewerbung optimal planen und erstellen – vom **Anschreiben** über den sogenannten **Lebenslauf** bis hin zum **Profil**. Aber auch **Kurzbewerbung, Flyer** und die **E-Mail-Initiativbewerbung** sind hier Thema.

# Ergreifen Sie die Initiative!

Sicherlich wäre es Ihnen lieber, wenn Sie sich nicht aktiv auf den Arbeitsmarkt begeben müssten, wenn Sie so ganz nebenbei von einem passenden Arbeitsplatz hören würden, der zu besetzen ist. Oder wenn man Sie direkt ansprechen würde, ob Sie nicht Lust hätten, einen Job zu übernehmen, der genau auf Sie zugeschnitten scheint. Doch bisher ist das nicht passiert, und durch Abwarten wird Ihre Situation nicht besser.

**Nun wollen Sie die Dinge selbst in die Hand nehmen und sich aktiv bewerben** – und das ist auch gut so! Wenn Sie selbst eine Bewerbungsinitiative starten, bedeutet das: Sie sind eine aktive, agile, flexible Bewerberin oder ein aktiver, agiler, flexibler Bewerber – und allein das spricht schon für Sie!

Gut formuliert und ansprechend präsentiert, haben Initiativbewerbungen durchaus eine Chance. Bis zu 30 Prozent aller Bewerber ergattern auf diesem Weg einen Job.

**Der große Vorteil:** Sie sind nicht einer von vielen Bewerbern – die Konkurrenz ist geringer.

Ein weiterer Nutzen, den Sie nicht unterschätzen sollten: Sie sind aktiv und bestimmen die Dinge selbst. Sie setzen eigene Ideen in die Tat um, die über das bloße Reagieren (z. B. auf Anzeigen) hinausgehen. Das stärkt Ihr Selbstbewusstsein. Zudem sind innere Zufriedenheit und Selbstvertrauen wesentliche Faktoren, um gesund zu bleiben und sich wohlzufühlen, und sie verbessern wiederum Ihre Chancen auf dem Arbeitsmarkt.

## Kurz und präzise

Eine Initiativbewerbung ist eine Herausforderung: Sie sollten eindeutig und auf einen Blick zeigen, was Sie Außergewöhnliches zu bieten haben und warum Sie gerade in diesem Unternehmen, in dieser Position arbeiten wollen.

Bei der Erstellung einer Initiativbewerbung gilt es, den Nutzen, den Gewinn für den Arbeitgeber ganz besonders gut herauszustellen – darin unterscheidet sie sich von der »klassischen« Bewerbung. Im besten Fall sollte schon in der Überschrift oder im ersten Absatz erkennbar sein, in welchem Arbeitsfeld Sie dem Unternehmen wirklichen Nutzen und Gewinn bringen können.

## DARAUF KOMMT ES AN

Den idealen Job zu finden und eingestellt zu werden – das ist kein leichtes Vorhaben. Sie werden drei Dinge dafür brauchen: Mut, Engagement und auch das berühmte Quäntchen Glück. Zum persönlichen Erfolg gehören aber auch folgende Weichensteller, die drei wichtigsten Faktoren bei jeder Bewerbung:

- **Kompetenz** (berufliche und persönliche – Sie wissen, worauf es ankommt)
- **Leistungsmotivation** (Fleiß, Durchhaltevermögen, Zielstrebigkeit)
- **Persönlichkeit** (Charakterstärke, Mut und Aufgeschlossenheit)

Damit Sie diese Essentials richtig einsetzen können, sollten Sie sich gründlich vorbereiten.

Zunächst einmal ist das Bewusstsein, dass es einer intensiven Vorbereitung bedarf, von entscheidender Bedeutung. Sie begeben sich auf einen steinigen Weg, dazu brauchen Sie das nötige Rüstzeug – und Sie müssen trainiert sein.

Unsere Erfahrungen haben uns ganz klar gezeigt: Die meisten Bewerber sind nicht ausreichend vorbereitet und erreichen deshalb nicht oder nur mit großer Mühe und eingeschränkt ihr Ziel.

Mit einer sorgfältigen und planvollen Vorarbeit können Sie Ihre persönliche und berufliche Entwicklung deutlich voranbringen.

Wir werden Ihnen im Folgenden zeigen, wie Sie Ihre Fähigkeiten und Ihre Persönlichkeit elegant und überzeugend ins rechte Licht rücken.

## EINSTIEGSBEISPIEL: IHRE INITIATIVBEWERBUNG – SO KÖNNTE SIE AUSSEHEN

Sehen Sie sich die nachfolgenden Beispiele an. So könnte Ihre Initiativbewerbung aussehen.

Frau Reggiano lebt in Albstadt, muss aber jeden Tag nach Stuttgart zur Arbeit fahren. Darunter leidet ihr Privatleben. Schon lange sucht sie nach einer Arbeitsstelle in ihrer Nähe. Nun hat sie sich entschlossen, nicht länger nur das Internet und den Stellenmarkt der regionalen Zeitungen zu durchforsten. Sie ergreift die Initiative.

**Wir zeigen Ihnen anhand des Beispiels von Frau Reggiano sechs unterschiedliche Formen einer schriftlichen Initiativbewerbung:**

- Version 1: eine Kurzbewerbung
- Version 2: eine klassische Bewerbung

- Version 3: ein Anschreiben per E-Mail (ansonsten wie Version 2: klassische Bewerbung)
- Version 4: einen Bewerbungsflyer
- Version 5: ein Stellengesuch
- Version 6: eine Visitenkarte – oder auch: Profilcard

Wir haben Ihnen hier die wichtigsten sechs Möglichkeiten der schriftlichen Erstkontaktaufnahme aufbereitet, die Wege per Telefon und Networking zeigen wir Ihnen später auf.

Kommentare und weiterführende Informationen zu den verschiedenen Bewerbungsmöglichkeiten und -beispielen finden Sie ab Seite 16.

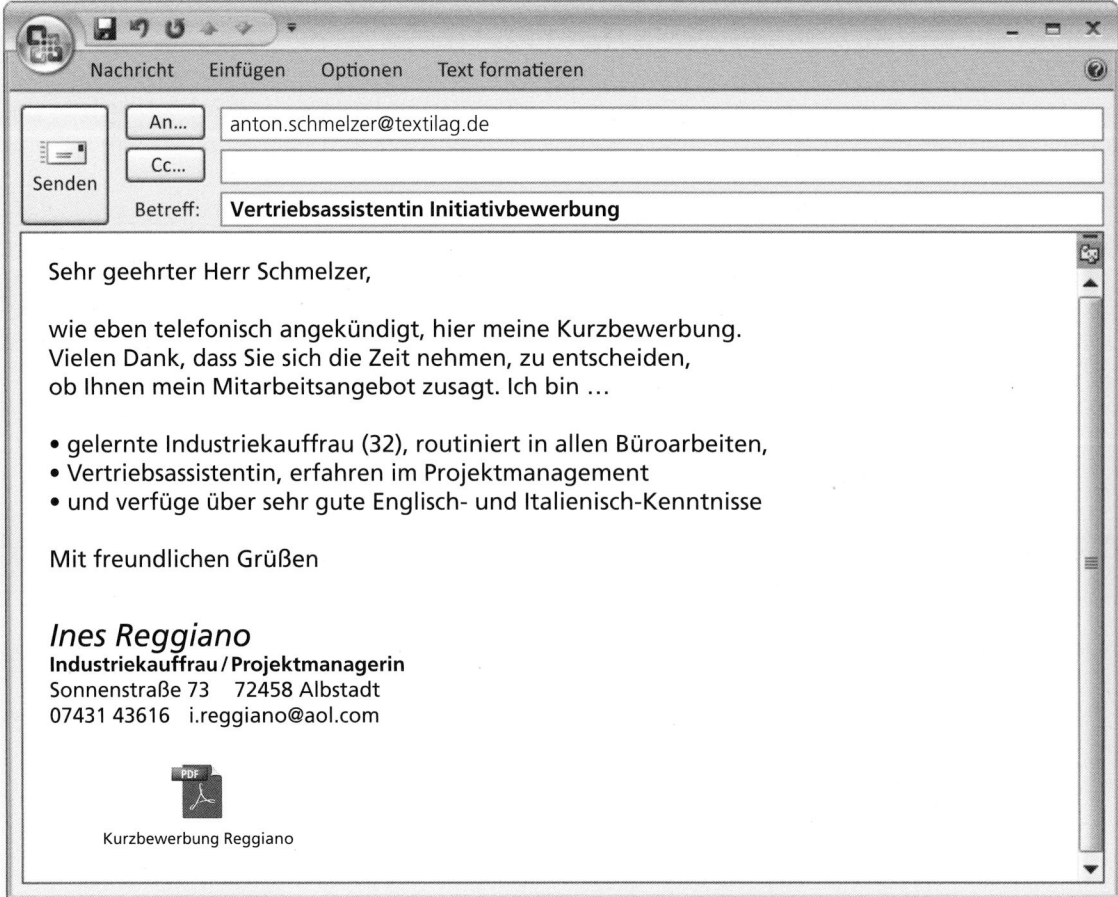

Ines Reggiano / Kurzbewerbung (Kommentar auf Seite 16)

**Ines Reggiano**
Industriekauffrau
Sonnenstraße 73
72458 Albstadt
Tel.: 07431 43616
E-Mail: i.reggiano@aol.com

Schwäbische Textil AG
Herrn Anton Schmelzer
Wilhelmstraße 16
72336 Balingen

Albstadt, 14. Dezember 2016

**Initiativbewerbung als Vertriebsassistentin**
Unser Telefonat vom 12. Dezember

Sehr geehrter Herr Schmelzer,

vielen Dank für das ausführliche Telefongespräch. Ich freue mich, dass Sie gute Chancen für eine Einstellung in Ihrem Unternehmen sehen. Hier die wichtigsten Stichworte zu meiner Person:

| | |
|---|---|
| **Fortbildung** | zur Marketing-/Vertriebsassistentin (seit Juni 2015) |
| seit 2004 | Sachbearbeiterin für verschiedene Unternehmen |
| | (Klima-König, Stuttgart; Hausverwaltung Schäuble; Brauns-Druck GmbH) |
| 2001 – 2004 | Ausbildung zur Industriekauffrau |
| 2001 | Realschulabschluss |

**Arbeitsschwerpunkte**
Büroorganisation
Organisation und Management von Projekten

Sprachen: Englisch (sehr gut), Italienisch (sehr gut)

Durch meine beruflichen Aktivitäten in unterschiedlichen Bereichen bin ich kommunikations-stark, verantwortungsbewusst und habe große Freude an selbstständiger Arbeit.

Gerne schicke ich Ihnen meine kompletten Bewerbungsunterlagen und stehe Ihnen für ein persönliches Gespräch – vorab auch telefonisch – zur Verfügung.

Mit freundlichen Grüßen

*Ines Reggiano*

**Ines Reggiano / Kurzbewerbung (Kommentar auf Seite 16)**

**Ines Reggiano**

Industriekauffrau
Sonnenstraße 73
72458 Albstadt
Tel.: 07431 43616
E-Mail: i.reggiano@aol.com
ww.xing.com/profile/i.reggiano

Schwäbische Textil AG
Herrn Anton Schmelzer
Wilhelmstraße 16
72336 Balingen

Albstadt, 14. Dezember 2016

**Initiativbewerbung als Vertriebsassistentin**
Unser Telefonat vom 12. Dezember

Sehr geehrter Herr Schmelzer,

vielen Dank für das ausführliche Telefongespräch. Ich freue mich, dass Sie gute Chancen für eine Einstellung in Ihrem Unternehmen sehen.

Zu meiner Person:
- gelernte Industriekauffrau, 32 Jahre,
  routiniert in allen Büroarbeiten
- Vertriebsassistentin, erfahren in Organisation
  und Management von Projekten
- sehr gute Kenntnisse in Business-Englisch
  und Italienisch
- stresserprobt und flexibel

Durch meine beruflichen Aktivitäten in unterschiedlichen Bereichen bin ich kommunikationsstark, verantwortungsbewusst und habe große Freude an selbstständiger Arbeit.

In der Anlage finden Sie meinen Lebenslauf; falls Sie weitere Unterlagen wünschen, schicke ich Ihnen diese umgehend zu. Für ein persönliches Gespräch – vorab auch gerne telefonisch – stehe ich Ihnen zur Verfügung.

Mit freundlichen Grüßen

*Ines Reggiano*

Ines Reggiano / klassische Bewerbung: Anschreiben (Kommentar auf Seite 16)

**Ines Reggiano**
Industriekauffrau
Sonnenstraße 73
72458 Albstadt
Tel.: 07431 43616
E-Mail: i.reggiano@aol.com
ww.xing.com/profile/i.reggiano

*Ines Reggiano*

**Zur Person:**
Geboren am 12.5.1984 in Tübingen
deutsche Staatsbürgerin
verheiratet, ein Kind

**Qualifikation:**
Industriekauffrau

**Angestrebte Tätigkeit:**
Assistentin im Projektmanagement

**Unterlagen für Herrn Schmelzer, Schwäbische Textil AG**

Ines Reggiano / klassische Bewerbung: Deckblatt (Kommentar auf Seite 16)

Sonnenstraße 73, 72458 Albstadt, Tel.: 07431 43616, E-Mail: i.reggiano@aol.com,
ww.xing.com/profile/i.reggiano

## Berufspraxis

| | |
|---|---|
| seit August 2012 | Klima-König, Stuttgart<br>Sachbearbeiterin im Bereich Vertrieb, Projektorganisation, Erstellen von Präsentationen |
| Juli 2009–Juli 2012 | Familienphase |
| Aug. 2007–Juni 2009 | Hausverwaltung Schäuble, Albstadt<br>Büroorganisation, Betriebskostenabrechnung, Führung der Personalakten, Buchhaltung |
| Aug. 2004–Juli 2007 | Brauns-Druck GmbH, Tübingen<br>Mitarbeit in der Verkaufsabteilung, Auftragsabwicklung, selbstständige Bearbeitung der englischen und deutschen Korrespondenz |

## Berufliche Weiterbildung

| | |
|---|---|
| seit Juni 2015 | Fortbildung zur Marketing-/Vertriebsassistentin, Albstadt |
| Jan. 2013–Sept. 2014 | Schwäbische Wirtschaftsakademie „Projektmanagement" |
| Sept. 2011–Jan. 2012 | Sprachakademie Stuttgart<br>„Italienisch für Geschäftsleute" |
| Jan. 2011 | IHK Schwäbische Alb<br>„Tabellenkalkulation mit Excel" |
| Jan. 2002–Juni 2003 | Sprachakademie Big Ben, Tübingen<br>„Business-Englisch in Wort und Schrift" |

## Schul- und Berufsausbildung

| | |
|---|---|
| Sept. 2001–Juli 2004 | Brauns-Druck GmbH, Tübingen<br>Ausbildung zur Industriekauffrau |
| 1991–2001 | Grund- und Realschule in Tübingen |

Ines Reggiano / klassische Bewerbung: Lebenslauf (Kommentar auf Seite 16)

Sonnenstraße 73, 72458 Albstadt, Tel.: 07431 43616, E-Mail: i.reggiano@aol.com,
ww.xing.com/profile/i.reggiano

## Kenntnisse und Fähigkeiten

Sehr gute Sprachkenntnisse in Englisch und Italienisch

PC-Kenntnisse: MS-Office-Programme, Tabellenkalkulation mit Excel, PowerPoint

## Interessen, Engagements

Schatzmeisterin im Schwimmverein „Wasserfreunde"

Organisatorische Betreuung des privaten Kindergartens „Mafalda"

Albstadt, 14. Dezember 2016

*Ines Reggiano*

## Verzeichnis der Anlagen

| Zeugnisse und Abschlüsse | Seminare und Lehrgänge | Referenzen und Auskunftgeber |
|---|---|---|
| Klima-König (Zwischenzeugnis) | Schwäbische Wirtschaftsakademie | Mario Schwert |
| Hausverwaltung Schäuble | Sprachakademie Stuttgart | (E-Mail: m.schwert@swa.de) von der |
| Brauns-Druck GmbH | IHK Schwäbische Alb | Stuttgarter Wirtschaftsakademie |
| Abschluss als Industriekauffrau | Sprachakademie Big Ben | Hans Werner Koch |
| Zeugnis Mittlere Reife | | (h.w.koch@t-online.de) |
| | | IHK Schwäbische Alb, Bereichsleiter |
| | | Sprachakademie Big Ben |

**Ines Reggiano / klassische Bewerbung: Lebenslauf, Anlagenverzeichnis (Kommentar auf Seite 16)**

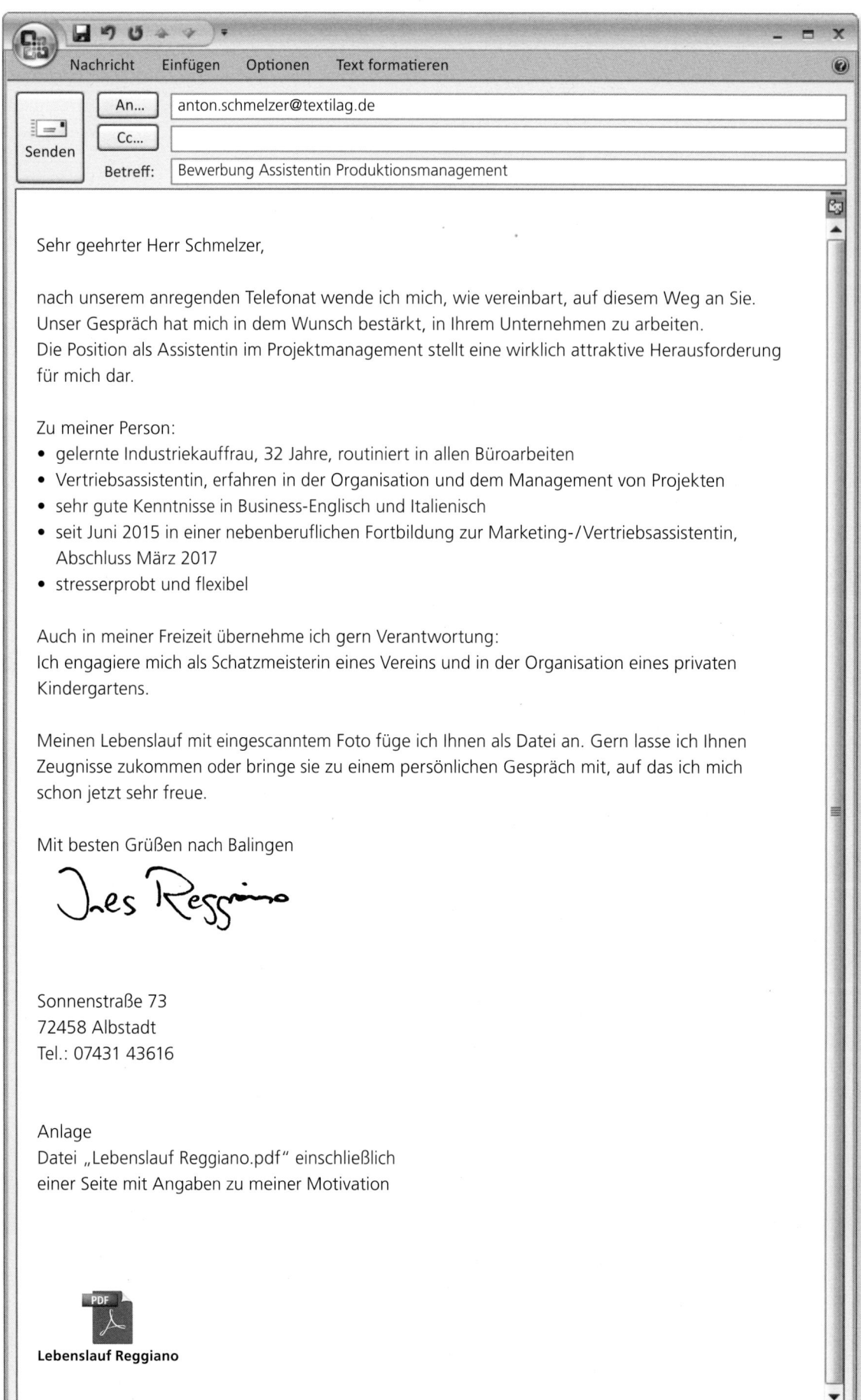

An... anton.schmelzer@textilag.de

Cc...

Betreff: Bewerbung Assistentin Produktionsmanagement

Sehr geehrter Herr Schmelzer,

nach unserem anregenden Telefonat wende ich mich, wie vereinbart, auf diesem Weg an Sie.
Unser Gespräch hat mich in dem Wunsch bestärkt, in Ihrem Unternehmen zu arbeiten.
Die Position als Assistentin im Projektmanagement stellt eine wirklich attraktive Herausforderung
für mich dar.

Zu meiner Person:
- gelernte Industriekauffrau, 32 Jahre, routiniert in allen Büroarbeiten
- Vertriebsassistentin, erfahren in der Organisation und dem Management von Projekten
- sehr gute Kenntnisse in Business-Englisch und Italienisch
- seit Juni 2015 in einer nebenberuflichen Fortbildung zur Marketing-/Vertriebsassistentin,
  Abschluss März 2017
- stresserprobt und flexibel

Auch in meiner Freizeit übernehme ich gern Verantwortung:
Ich engagiere mich als Schatzmeisterin eines Vereins und in der Organisation eines privaten
Kindergartens.

Meinen Lebenslauf mit eingescanntem Foto füge ich Ihnen als Datei an. Gern lasse ich Ihnen
Zeugnisse zukommen oder bringe sie zu einem persönlichen Gespräch mit, auf das ich mich
schon jetzt sehr freue.

Mit besten Grüßen nach Balingen

Ines Reggiano

Sonnenstraße 73
72458 Albstadt
Tel.: 07431 43616

Anlage
Datei „Lebenslauf Reggiano.pdf" einschließlich
einer Seite mit Angaben zu meiner Motivation

**Lebenslauf Reggiano**

**Ines Reggiano / Anschreiben per E-Mail (Kommentar auf Seite 16)**

*... und deshalb bewerbe ich mich heute bei Ihnen.*

**Ines Reggiano**
Industriekauffrau und Vertriebsassistentin

Sonnenstraße 73
72458 Albstadt
Tel.: 07431 43616
E-Mail: i.reggiano@aol.com

Möchten Sie mehr über mich wissen?
Dann blättern Sie doch einfach um ...

Einmal aufgeklappt

## Mein Ziel ...

*... ist es, bei Ihnen als Vertriebsassistentin zu arbeiten. Mein Wissen, Engagement und meine ganzen Erfahrungen möchte ich sehr gern in den Dienst der Schwäbischen Textil AG stellen ...*

Albstadt, 14. Dezember 2016

*Ines Reggiano*

Zugeklappt

*Sehr geehrter Herr Schmelzer,*

**hätten Sie ein paar Minuten Zeit für mich? Ich möchte mich Ihnen gerne vorstellen.**

*Blättern Sie doch einfach mal um ...*

**Ines Reggiano / Bewerbungsflyer (Kommentar auf Seite 16)**

## Mein Ziel ...

*... ist es, bei Ihnen als Vertriebsassistentin zu arbeiten. Mein Wissen, Engagement und meine ganzen Erfahrungen möchte ich sehr gern in den Dienst der Schwäbischen Textil AG stellen ...*

Albstadt, 14. Dezember 2016

*Ines Reggiano*

## Meine wichtigsten Daten ...

geboren am 12.05.1984
in Tübingen
verheiratet, ein Kind

**Ausbildung:**
Industriekauffrau

**Aktuelle Position:**
seit 2012 Sachbearbeiterin im Bereich Vertrieb, Projektorganisation, Präsentationen bei Klima-König, Stuttgart

**Weiterbildung:**
• Marketing-/Vertriebsassistentin
• Projektmanagement
• Italienisch für Geschäftsleute
• Business-Englisch

**Sprachkenntnisse:**
Englisch, Italienisch

## Meine Pluspunkte ...

+ kommunikationsstark

+ selbstkritisch

+ verantwortungsbewusst

+ selbstständiges Denken und Handeln

+ stresserprobt und flexibel

+ fundierte fachliche Ausbildung

+ starke Lernbereitschaft

*und nicht zu vergessen:*

+ großer Spaß an der Arbeit!

**Ines Reggiano / Bewerbungsflyer (Kommentar auf Seite 16)**

## Sie brauchen ein Organisationstalent?

### Industriekauffrau (Vertriebsassistentin)

32 J., stresserprobt und flexibel, mit langjähriger Erfahrung in Projektorganisation und -management, Englisch und Italienisch sehr gut, perfekte PC-Kenntnisse

Ines Reggiano, Tel.: 07431 43616, i.reggiano@aol.com

**Ines Reggiano / Stellengesuch (Kommentar auf Seite 17)**

# Ines Reggiano
### Industriekauffrau
Vertriebsassistentin

– Projektorganisation
– Projektmanagement
– Office-Management

Vorderseite

Sonnenstraße 73
72458 Albstadt
Tel.: 07431 43616
E-Mail: i.reggiano@aol.com
www.xing.com/profile/i.reggiano

Rückseite

**Ines Reggiano / Visitenkarte (Kommentar auf Seite 17)**

## Die 7 häufigsten Fehler

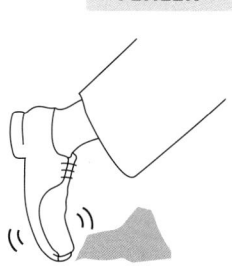

- Mangelndes Bewusstsein für die Dinge, auf die es bei einer Initiativbewerbung wirklich ankommt
- Gravierende Versäumnisse bei der gezielten Vorbereitung auf die besondere Ausgangssituation
- Die eigenen Potenziale weder wirklich zu kennen noch erfolgreich vermitteln zu können
- Keine persönliche Botschaft für den Empfänger durchdacht und aufbereitet zu haben
- Keine oder mangelhafte Vorbereitung im Sinne einer gezielten Recherche (wo wird was gebraucht?)
- Den eigenen Marktwert (Stichwort: Gehalt) nicht richtig zu kennen
- Sich gar nicht erst zu trauen, sich initiativ zu bewerben, sei es aus Unkenntnis, Unsicherheit oder Bequemlichkeit

# ZU DEN VERSCHIEDENEN FORMEN DER INITIATIVBEWERBUNG

### Version 1: Kurzbewerbung (per E-Mail oder Post)

Eine Kurzbewerbung kann – wie in unserem Beispiel auf den Seiten 6 und 7 – als Anhang an eine E-Mail mit einem minimalen Text oder auch klassisch per Post verschickt werden. Entscheidendes Merkmal dieser Bewerbungsform ist die Kürze; der Empfänger wird schnell über den Bewerber informiert und kann spontan entscheiden, ob er mehr sehen bzw. lesen möchte. Eine Kurzbewerbung kann unterschiedlich umfangreich sein. Bei einer Einzelseite wird man wohl am häufigsten eine Art Kombination von Anschreiben und den wichtigsten Lebenslaufdaten präsentieren wie hier auf Seite 7 gezeigt. Häufiger werden zwei Seiten verwendet: eine, die das knappe Anschreiben transportiert, und eine zweite, welche die berufliche Entwicklung darstellt. Sehr selten werden dieser Kurzform weitere Anlagen (absolutes Maximum 2) beigelegt.

Schon weit über 60 Prozent aller Bewerbungen werden digital versendet, nur noch wenige aufwendig gestaltete Mappen und gebundene Seiten sind postalisch unterwegs. Die Form der »Herstellung« am PC geht natürlich mit viel Aufwand einher, somit relativiert sich das Argument der Zeit- und Kostenersparnis. Aber bleiben wir für den Moment bei der klassischen Vorgehensweise, die noch mit Papier und Umschlag arbeitet: Bei einer Kurzbewerbung braucht es keine aufwendige Bindung, um die Unterlagen zusammenzuhalten, und der Versand ist mit einem üblichen C6-Umschlag portogünstig (70 Cent, C5: 85 Cent) durchzuführen. Auch auf den Rückversand durch den Empfänger kann in der Regel verzichtet werden.

Sie sollten in jedem Fall ein Foto von sich beilegen. Ob Sie das Foto aufkleben oder digital einfügen, spielt dabei eher eine untergeordnete Rolle.

Gerade bei der Kurzbewerbung kommt es auf jedes Detail an, und das Verfassen kurzer, prägnanter Texte braucht oft etwas mehr Zeit. Bereiten Sie sich auf diese Bewerbung genauso gründlich vor wie auf die ausführliche Variante. Mehr dazu finden Sie auf den Seiten 50 ff.

### Version 2: klassische Bewerbung

Hier sehen Sie ein kurzes Anschreiben (auch in diesem Fall ist vorher telefoniert worden!), gefolgt von den typischen Bewerbungsunterlagen: Deckblatt, Lebenslauf (kommt gut ohne Überschrift aus) mit

den Rubriken Berufspraxis, Weiterbildung, Schul- und Berufsausbildung, Kenntnisse und Fähigkeiten, Interessen und Engagements. Ein Verzeichnis der beigefügten Anlagen rundet das Bild ab und ist sehr hilfreich für den Empfänger. Dass es sich um eine Initiativbewerbung handelt, wird Ihnen als Leser aus dem Anschreibentext klar, abgesehen von diesem Text könnte es sich hier auch um eine ganz klassische Bewerbung auf eine Anzeige (in der Zeitung oder im Internet) handeln. So oder ähnlich sehen heute gute schriftliche Bewerbungsunterlagen aus. Der große Unterschied zur »normalen« Bewerbung liegt vor allem im Ergreifen der Initiative, im Telefonieren und damit im Angebot an den potenziellen Arbeitsplatzanbieter. Mehr dazu finden Sie auf den Seiten 45 ff.

### Version 3: Anschreiben per E-Mail
(ansonsten wie Version 2: klassische Bewerbung)

Hier versendet die Bewerberin Ines Reggiano per E-Mail exakt denselben Lebenslauf wie bei Version 2, allerdings ohne das Anlagenverzeichnis. Stattdessen bietet sie an, die Zeugnisse bei Interesse des Empfängers einzusenden oder zum persönlichen Gespräch mitzubringen. Ihr Anschreiben hat Frau Reggiano hier direkt in der E-Mail platziert. Diese Form der Kontaktaufnahme ist schnell, kostengünstig und nach einem gut vorbereiteten Telefongespräch sehr Erfolg versprechend. Mehr dazu finden Sie auf den Seiten 60 ff.

### Version 4: Bewerbungsflyer

Mit einem Bewerbungsflyer, der die Funktion des Werbens für die Mitarbeit noch deutlicher werden lässt und Sie sicherlich an ähnliche Flyer von neu eröffneten Unternehmen in Ihrer Umgebung erinnert (Pizzeria, Eisdiele, Sportstudio etc.), hat Frau Reggiano ein eher ungewöhnliches und doch sehr preisgünstig herzustellendes Instrument zur Werbung für sich als zukünftige Mitarbeiterin gewählt. Er lässt sich hervorragend mitnehmen und schnell verteilen, beispielsweise auf Jobmessen. Mehr dazu finden Sie auf den Seiten 50 ff.

### Version 5: Stellengesuch

Das vom Bewerber und Anbieter seiner Dienstleistung aktiv geschaltete Stellengesuch in den Printmedien oder im Internet ist Ihnen sicherlich nicht unbekannt. Die Kosten dafür schwanken zwischen preiswert und zu kostspielig. Ausführliche Informationen zum Stellengesuch finden Sie auf den Seiten 40 ff.

### Version 6: Visitenkarte – oder auch: Profilcard

In manchen Situationen ist es nicht möglich oder es würde den Rahmen sprengen, umfangreiche Unterlagen zu überreichen. Für einen Erstkontakt ist das Aushändigen von größeren Papiermengen unangemessen. Vielleicht ist Ihre Begegnung mit einem Personalentscheider sogar eher zufällig. Für solche Fälle ist neben dem Flyer die Visitenkarte oder, noch moderner, die Profilcard eine gute Variante der Initiativbewerbung. Wie beim Flyer und dem eigenen Stellengesuch liegt hier die Herausforderung in der Gestaltung und Formulierung des Kurztextes. Zudem ist ein gutes Foto heute nahezu unerlässlich. Mehr dazu finden Sie auf Seite 59.

Die Grundlage von fast allen hier vorgestellten Möglichkeiten der Initiativbewerbung ist: die erfolgreiche Nutzung des Telefons und das Bewusstsein für Networking. Auch dazu finden Sie ausführliche Hintergrundinfos auf den Seiten 30 ff. und 45 ff.

## SIE BRAUCHEN EINEN PLAN UND DAS RICHTIGE BEWUSSTSEIN

Darauf kommt es an: Unternehmerisches Fühlen, Denken und Handeln. Ihr berufliches Know-how, und Ihre Problemlösungsfähigkeiten – ob als Brückenbau-Ingenieur oder Bäcker, als Versicherungssachbearbeiterin oder Krankenhausärztin – das sind Ihre Fähigkeiten, Aufgaben zu lösen und bei Problemen zu helfen. Genau das ist Ihr (Verkaufs-)Angebot, Ihr Vertriebsgegenstand, Ihre Dienstleistung.

Heute ist jeder, der sich auf dem Arbeitsmarkt bewegt, Unternehmer und muss unternehmerisch denken, ob sein Produkt nun eine greifbare Ware ist oder ob es um sein Know-how, seine Erfahrung, seine Ideen geht. Es ist egal, in welchem konkreten Arbeitsverhältnis Sie stehen, Sie müssen stets darauf achten, dass Ihre Kunden (beispielsweise Ihr Vorgesetzter) zufrieden mit Ihnen und Ihren Leistungen sind. Den Nutzen, den Sie dabei durch Ihre Arbeit »erwirtschaften«, sollten Sie für andere klar erkennbar machen. Deshalb ist auch ein gutes Maß an Selbstdarstellungsfähigkeit, insbesondere im Internetzeitalter (z. B. in den sozialen Medien), ein besonders wichtiges, weichenstellendes Erfolgsmerkmal.

Welche Form der Initiativbewerbung halten Sie für die beste? Mit welcher wird Ines Reggiano Ihres Erachtens Erfolg haben?

Alle gezeigten Formen der Initiativbewerbung sind gut, der Schlüssel zum Erfolg liegt in der intensiven Vorarbeit und der gezielten Anwendung.

Frau Reggiano hat ihr Vorhaben sorgfältig vorbereitet. Bevor sie ihren Bewerbungsbrief bzw. die E-Mail abgeschickt hat, um sich damit bei einer Firma im nahe gelegenen Balingen zu bewerben, hat sie umfangreiche Vorarbeit geleistet. Sie hat …

* ihr persönliches Profil entwickelt,
* sich über die Firma informiert und
* den richtigen Ansprechpartner herausgefunden.

Initiativbewerbungen schreibt man nicht mal so eben nebenbei. Sie lassen sich nicht einfach aus dem Ärmel schütteln, und mit dem Abschreiben von Musterbewerbungen werden Sie nur in den seltensten Fällen die gewünschte positive Aufmerksamkeit erringen. Patentrezepte gibt es eben nicht!

Die Bewerbungen, die wir Ihnen gezeigt haben, sind das Ergebnis eines längeren Prozesses. Um diesen wird es auf den folgenden Seiten gehen.

**Der erste wichtige Arbeitsschritt,** bevor Sie sich initiativ bewerben: Sie müssen Ihr ganz eigenes Profil entwickeln.

Wie kann das aussehen? Je nachdem – es kommt an auf …

* Ihre Ausgangssituation,
* den Job, auf den Sie sich bewerben,
* die Aktivitäten, die dieser Initiativbewerbung vorausgegangen sind,
* die Firma, bei der Sie sich bewerben.

# Der Schlüssel zum Erfolg – die Vorbereitung

Stellen Sie sich vor, Sie wollen in Urlaub fahren. Ganz sicher würden Sie doch einiges investieren, damit aus Ihren Ferien ein echter Traumurlaub wird: Sie planen – Sie bereiten sich vor. Sorgfältig werden Sie überlegen, wohin Ihre Reise gehen soll: ans Meer, in die Berge, ein Radwanderurlaub im Umland oder doch lieber mal etwas Exotisches? Sie werden Reiseführer wälzen, Prospekte von Hotelanlagen vergleichen, die beste Reiseroute auswählen.

**Vorbereitung gehört zum Erfolg** – ob nun bei einer Urlaubsreise oder bei so etwas Entscheidendem wie Ihrer Karriere. Deshalb: Je gründlicher Sie Ihre Initiativbewerbung planen, desto größer sind Ihre Chancen auf Erfolg.

Bei der Initiativbewerbung kommt es ganz besonders darauf an, in wenigen Augenblicken einen deutlich positiven Eindruck entstehen zu lassen – und zwar so, dass der Wunsch aufkommt, Sie kennenzulernen.

Das sagt sich leicht, bedeutet aber, dass Sie sich selbst erst einmal intensiv »erforschen« sollten. Beginnen Sie also mit der Vorbereitung, indem Sie sich über sich selbst klarer werden. Sie sollten wissen, wo Ihre besonderen Fähigkeiten und Qualifikationen liegen, und Sie sollten Ihre Zukunftspläne konkretisieren.

Kurz gesagt – beantworten Sie sich die folgenden Fragen:

1. **Was für ein Mensch sind Sie?**
2. **Was können Sie?**
3. **Was wollen Sie erreichen?**

## DIE SELBSTANALYSE

Mit einem deutlichen Bild von sich selbst vor Augen sind Sie viel besser in der Lage, eine überzeugende »Werbebotschaft« in eigener Sache zu formulieren. Je besser Sie sich selbst einschätzen können, umso klarer wird das Bild sein, das Sie Ihrem potenziellen Arbeitgeber von Ihrer Person, Ihren Fähigkeiten sowie Ihren Eigenschaften vermitteln können – das ist ein nicht zu unterschätzender Vorteil, der viel dazu beiträgt, Ihr Bewerbungsvorhaben zum Erfolg zu führen.

### 1. Was für ein Mensch sind Sie?

Wie sehen Sie sich eigentlich selbst? Und wie, glauben Sie, sehen andere Menschen Sie? Wenn es darum geht, dass Sie sich selbst und Ihre Fähigkeiten gegenüber zukünftigen Arbeitgebern ins rechte Licht rücken möchten, sind das zwei wichtige Fragen.

## Wie sehen Sie sich selbst?

Nennen Sie doch einfach ganz spontan innerhalb einer Minute drei Adjektive, mit denen Sie sich und Ihre Wesensart angemessen beschreiben können.

_____

_____

_____

Es gibt etwa 300 Adjektive, die Personalentscheider für relevant erachten. Ihnen fällt für Ihre Selbstbeschreibung hoffentlich etwas mehr ein als nur fleißig, flexibel und verantwortungsbewusst.

Sind Sie zufrieden mit Ihrer spontanen Auswahl? Können Sie sich damit einer anderen Person gegenüber überzeugend darstellen?

Auf Seite 20 finden Sie eine Liste von etwa 100 Kompetenz- und Persönlichkeitsmerkmalen, die Sie danach beurteilen sollen, wie sie auf Sie persönlich zutreffen. Kreuzen Sie bitte auf der Skala von 1 bis 7 an, wie sehr oder wie wenig Sie sich mit der entsprechenden Eigenschaft identifizieren können.

**Denken Sie daran:** Bei der Selbstbeurteilung geht es nicht darum, um jeden Preis »gut abzuschneiden«. Sie müssen sich niemandem gegenüber rechtfertigen. Es ist Ihre ganz persönliche Einschätzung zu Ihrer momentanen Situation.

Falls Sie in dieser Liste bestimmte Eigenschaften vermissen, so schreiben Sie diese einfach dazu.

    1 = sehr schwach ausgeprägt
    2 = schwach ausgeprägt
    3 = wenig ausgeprägt
    4 = teils/teils
    5 = ausgeprägt
    6 = deutlich ausgeprägt
    7 = sehr stark ausgeprägt

## Wie werden Sie von anderen gesehen?

Mit welchen Adjektiven werden Sie spontan von Ihren Freunden und Bekannten beschrieben? Wie charakterisieren sie Ihre »guten« und »schlechten« persönlichen Eigenschaften? Sehen Menschen in Ihrer Umgebung Sie evtl. ganz anders als Sie sich selbst? Finden Sie es heraus.

In einem zweiten Schritt können Sie eine (oder auch mehrere) Person(en) Ihres Vertrauens bitten, eine Einschätzung zu Ihrer Person abzugeben und dazu die Adjektivliste auszufüllen. (Sie finden die Liste auch im Online Content zu diesem Buch.)

Vielleicht wirken Sie ja viel zielstrebiger, als Sie sich fühlen. Oder Sie halten sich für wankelmütig, aber Ihre Umgebung nimmt Sie als durchaus ausgeglichen wahr.

Wir haben positive und negative Eigenschaften aufgelistet, natürlich möchte jeder »sympathisch« oder »kompetent« sein, »aggressiv« oder »sarkastisch« sicherlich niemand.

## Was sind Ihre ausgeprägten Eigenschaften?

Wenn Sie sich nach einer neuen beruflichen Herausforderung umschauen, sollten Sie genau wissen, was Sie am besten können und in welchem Bereich Sie über das größte Wissen verfügen.

## Was sind Ihre Kernkompetenzen?

In welchen Bereichen unterscheiden Sie sich von anderen dadurch, dass Sie etwas besser können und engagierter angehen?

Was können Sie wirklich gut, und was machen Sie auch wirklich gerne?

## Stärke oder Schwäche? Auch eine Frage der Sichtweise

Stellen Sie eine Liste mit Ihren Stärken auf – setzen Sie die Schwächen dagegen. Überlegen Sie, ob es sich bei Ihren vermeintlichen Schwächen in Wirklichkeit nicht auch um Stärken handelt. Denken Sie über Ihre Schwächen nach, und wandeln Sie diese nach Möglichkeit in Stärken um.

| Schwächen | Stärken |
|---|---|
| • Ich verlange Perfektion. | • Ich strebe nach guten Leistungen. |
| • Ich stelle mein Licht unter den Scheffel. | • Ich bin bescheiden. |
| • Ich kommandiere herum. | • Ich besitze Führungsqualitäten. |
| • Ich bin impulsiv. | • Ich bin schnell. |
| • Ich bin ein Spieler. | • Ich gehe Risiken ein. |
| • Ich bin anmaßend. | • Ich bin beharrlich. |
| • Ich gehe Kompromisse ein. | • Ich bin gut im Verhandeln. |
| • Ich bin übergenau. | • Ich achte auf Details. |
| • _____ | • _____ |
| • _____ | • _____ |
| • _____ | • _____ |
| • _____ | • _____ |

## Kompetenz- und Persönlichkeitsmerkmale

| | | | | | | | | | | | | | | | |
|---|---|---|---|---|---|---|---|---|---|---|---|---|---|---|---|
| vertrauensvoll | 1 | 2 | 3 | 4 | 5 | 6 | 7 | fortschrittlich | 1 | 2 | 3 | 4 | 5 | 6 | 7 |
| leistungsorientiert | 1 | 2 | 3 | 4 | 5 | 6 | 7 | überzeugungsstark | 1 | 2 | 3 | 4 | 5 | 6 | 7 |
| sorgfältig | 1 | 2 | 3 | 4 | 5 | 6 | 7 | zwanghaft | 1 | 2 | 3 | 4 | 5 | 6 | 7 |
| aufgeschlossen | 1 | 2 | 3 | 4 | 5 | 6 | 7 | verständnisvoll | 1 | 2 | 3 | 4 | 5 | 6 | 7 |
| belastbar | 1 | 2 | 3 | 4 | 5 | 6 | 7 | kontaktfähig | 1 | 2 | 3 | 4 | 5 | 6 | 7 |
| ausdauernd | 1 | 2 | 3 | 4 | 5 | 6 | 7 | vorlaut | 1 | 2 | 3 | 4 | 5 | 6 | 7 |
| zufrieden | 1 | 2 | 3 | 4 | 5 | 6 | 7 | schlagfertig | 1 | 2 | 3 | 4 | 5 | 6 | 7 |
| aggressiv | 1 | 2 | 3 | 4 | 5 | 6 | 7 | gründlich | 1 | 2 | 3 | 4 | 5 | 6 | 7 |
| konformistisch | 1 | 2 | 3 | 4 | 5 | 6 | 7 | schüchtern | 1 | 2 | 3 | 4 | 5 | 6 | 7 |
| sympathisch | 1 | 2 | 3 | 4 | 5 | 6 | 7 | kreativ | 1 | 2 | 3 | 4 | 5 | 6 | 7 |
| vertrauenswürdig | 1 | 2 | 3 | 4 | 5 | 6 | 7 | erfinderisch | 1 | 2 | 3 | 4 | 5 | 6 | 7 |
| vorsichtig | 1 | 2 | 3 | 4 | 5 | 6 | 7 | selbstbewusst | 1 | 2 | 3 | 4 | 5 | 6 | 7 |
| lernbereit | 1 | 2 | 3 | 4 | 5 | 6 | 7 | introvertiert | 1 | 2 | 3 | 4 | 5 | 6 | 7 |
| dominant | 1 | 2 | 3 | 4 | 5 | 6 | 7 | extrovertiert | 1 | 2 | 3 | 4 | 5 | 6 | 7 |
| gerecht | 1 | 2 | 3 | 4 | 5 | 6 | 7 | anpassungsfähig | 1 | 2 | 3 | 4 | 5 | 6 | 7 |
| verlässlich | 1 | 2 | 3 | 4 | 5 | 6 | 7 | humorvoll | 1 | 2 | 3 | 4 | 5 | 6 | 7 |
| wankelmütig | 1 | 2 | 3 | 4 | 5 | 6 | 7 | konservativ | 1 | 2 | 3 | 4 | 5 | 6 | 7 |
| zielstrebig | 1 | 2 | 3 | 4 | 5 | 6 | 7 | präzise | 1 | 2 | 3 | 4 | 5 | 6 | 7 |
| geduldig | 1 | 2 | 3 | 4 | 5 | 6 | 7 | besorgt | 1 | 2 | 3 | 4 | 5 | 6 | 7 |
| gehemmt | 1 | 2 | 3 | 4 | 5 | 6 | 7 | nachdenklich | 1 | 2 | 3 | 4 | 5 | 6 | 7 |
| vital | 1 | 2 | 3 | 4 | 5 | 6 | 7 | kooperativ | 1 | 2 | 3 | 4 | 5 | 6 | 7 |
| zweifelnd | 1 | 2 | 3 | 4 | 5 | 6 | 7 | unerschütterlich | 1 | 2 | 3 | 4 | 5 | 6 | 7 |
| kompetent | 1 | 2 | 3 | 4 | 5 | 6 | 7 | problembewusst | 1 | 2 | 3 | 4 | 5 | 6 | 7 |
| flexibel | 1 | 2 | 3 | 4 | 5 | 6 | 7 | beliebt | 1 | 2 | 3 | 4 | 5 | 6 | 7 |
| aktiv | 1 | 2 | 3 | 4 | 5 | 6 | 7 | vernünftig | 1 | 2 | 3 | 4 | 5 | 6 | 7 |
| wagemutig | 1 | 2 | 3 | 4 | 5 | 6 | 7 | teamfähig | 1 | 2 | 3 | 4 | 5 | 6 | 7 |
| gefühlsbetont | 1 | 2 | 3 | 4 | 5 | 6 | 7 | ausgeglichen | 1 | 2 | 3 | 4 | 5 | 6 | 7 |
| anspruchsvoll | 1 | 2 | 3 | 4 | 5 | 6 | 7 | kommunikationsfähig | 1 | 2 | 3 | 4 | 5 | 6 | 7 |
| passiv | 1 | 2 | 3 | 4 | 5 | 6 | 7 | integrationsfähig | 1 | 2 | 3 | 4 | 5 | 6 | 7 |
| liebenswert | 1 | 2 | 3 | 4 | 5 | 6 | 7 | herzlich | 1 | 2 | 3 | 4 | 5 | 6 | 7 |
| gefühlsorientiert | 1 | 2 | 3 | 4 | 5 | 6 | 7 | ruhig | 1 | 2 | 3 | 4 | 5 | 6 | 7 |
| impulsiv | 1 | 2 | 3 | 4 | 5 | 6 | 7 | kompromissbereit | 1 | 2 | 3 | 4 | 5 | 6 | 7 |
| durchsetzungsfähig | 1 | 2 | 3 | 4 | 5 | 6 | 7 | tolerant | 1 | 2 | 3 | 4 | 5 | 6 | 7 |
| furchtsam | 1 | 2 | 3 | 4 | 5 | 6 | 7 | zuhörbereit | 1 | 2 | 3 | 4 | 5 | 6 | 7 |
| sachorientiert | 1 | 2 | 3 | 4 | 5 | 6 | 7 | selbstkritisch | 1 | 2 | 3 | 4 | 5 | 6 | 7 |
| fordernd | 1 | 2 | 3 | 4 | 5 | 6 | 7 | kränkbar | 1 | 2 | 3 | 4 | 5 | 6 | 7 |
| höflich | 1 | 2 | 3 | 4 | 5 | 6 | 7 | hilfsbereit | 1 | 2 | 3 | 4 | 5 | 6 | 7 |
| autoritär | 1 | 2 | 3 | 4 | 5 | 6 | 7 | einfühlsam | 1 | 2 | 3 | 4 | 5 | 6 | 7 |
| pflichtbewusst | 1 | 2 | 3 | 4 | 5 | 6 | 7 | gelassen | 1 | 2 | 3 | 4 | 5 | 6 | 7 |
| verantwortungsbewusst | 1 | 2 | 3 | 4 | 5 | 6 | 7 | unparteiisch | 1 | 2 | 3 | 4 | 5 | 6 | 7 |
| zuverlässig | 1 | 2 | 3 | 4 | 5 | 6 | 7 | gütig | 1 | 2 | 3 | 4 | 5 | 6 | 7 |
| freundlich | 1 | 2 | 3 | 4 | 5 | 6 | 7 | selbstironisch | 1 | 2 | 3 | 4 | 5 | 6 | 7 |
| glücklich | 1 | 2 | 3 | 4 | 5 | 6 | 7 | unberechenbar | 1 | 2 | 3 | 4 | 5 | 6 | 7 |
| nervös | 1 | 2 | 3 | 4 | 5 | 6 | 7 | sarkastisch | 1 | 2 | 3 | 4 | 5 | 6 | 7 |
| rechthaberisch | 1 | 2 | 3 | 4 | 5 | 6 | 7 | lernfähig | 1 | 2 | 3 | 4 | 5 | 6 | 7 |
| ordnungsliebend | 1 | 2 | 3 | 4 | 5 | 6 | 7 | | 1 | 2 | 3 | 4 | 5 | 6 | 7 |
| ehrlich | 1 | 2 | 3 | 4 | 5 | 6 | 7 | | 1 | 2 | 3 | 4 | 5 | 6 | 7 |
| loyal | 1 | 2 | 3 | 4 | 5 | 6 | 7 | | 1 | 2 | 3 | 4 | 5 | 6 | 7 |
| schwermütig | 1 | 2 | 3 | 4 | 5 | 6 | 7 | | 1 | 2 | 3 | 4 | 5 | 6 | 7 |
| begeisterungsfähig | 1 | 2 | 3 | 4 | 5 | 6 | 7 | | 1 | 2 | 3 | 4 | 5 | 6 | 7 |
| offen | 1 | 2 | 3 | 4 | 5 | 6 | 7 | | 1 | 2 | 3 | 4 | 5 | 6 | 7 |
| willensstark | 1 | 2 | 3 | 4 | 5 | 6 | 7 | | 1 | 2 | 3 | 4 | 5 | 6 | 7 |
| zurückgezogen | 1 | 2 | 3 | 4 | 5 | 6 | 7 | | 1 | 2 | 3 | 4 | 5 | 6 | 7 |
| misstrauisch | 1 | 2 | 3 | 4 | 5 | 6 | 7 | | 1 | 2 | 3 | 4 | 5 | 6 | 7 |
| leidenschaftlich | 1 | 2 | 3 | 4 | 5 | 6 | 7 | | 1 | 2 | 3 | 4 | 5 | 6 | 7 |
| unkompliziert | 1 | 2 | 3 | 4 | 5 | 6 | 7 | | 1 | 2 | 3 | 4 | 5 | 6 | 7 |

## 2. Was können Sie?

Sie haben viele Begabungen und verfügen über eine Fülle von Qualitäten, die sich auf unzählige Aufgabengebiete anwenden lassen. Und Sie haben im Laufe Ihres Lebens viele Fähigkeiten erworben.

Theoretisch ist Ihnen klar, was Fähigkeiten sind. Jetzt kommt es darauf an, Ihre eigenen Stärken zu entdecken.

Gehören Sie zu den wenigen Glücklichen, die ihre Fähigkeiten in Worte fassen können, dann schreiben Sie sie jetzt einfach auf, und setzen Sie Ihre Lieblingsbeschäftigung ganz oben auf die Liste.

Wenn Sie aber Ihre Begabungen noch nicht kennen, dann können Sie die **Gedächtnis-Netz-Übung** machen. Hier werden Sie sich darüber klar, was Sie an beruflichen Erfahrungen besitzen und in eine neue berufliche Perspektive einbringen können. Wir legen dieser Übung eine Idee von Richard N. Bolles (aus *Durchstarten zum Traumjob – Das Workbook*, 2002) zugrunde.

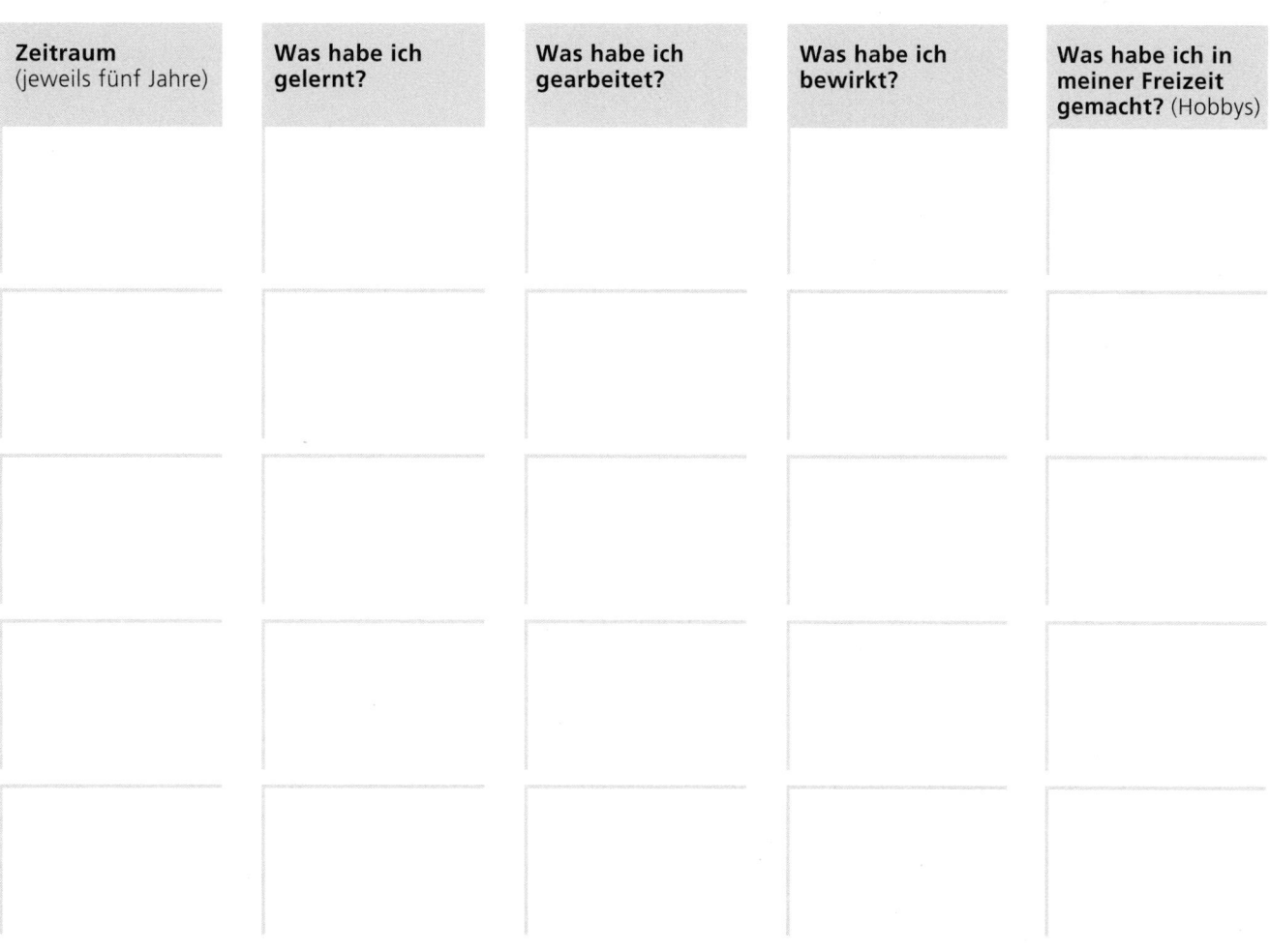
| Zeitraum (jeweils fünf Jahre) | Was habe ich gelernt? | Was habe ich gearbeitet? | Was habe ich bewirkt? | Was habe ich in meiner Freizeit gemacht? (Hobbys) |
|---|---|---|---|---|
| | | | | |
| | | | | |
| | | | | |
| | | | | |
| | | | | |

### Gedächtnis-Netz-Übung

Nehmen Sie hierfür ein möglichst großes Blatt Papier, und unterteilen Sie es in fünf Spalten. In die linke Spalte schreiben Sie Ihre Lebensjahre, aufgeteilt in Perioden von fünf Jahren. In die vier anderen Spalten notieren Sie jeweils, was Sie gelernt oder gearbeitet haben, was Sie bewirken konnten und welche Hobbys Sie hatten. Überlegen Sie sich zu den einzelnen Einträgen der Rubriken »Lernen«, »Arbeiten«, »Erfolge« und »Freizeit«, was Sie in diesen Bereichen jeweils erreicht haben. Über sieben dieser Erfolge schreiben Sie dann kurze Geschichten.

Achten Sie darauf, dass in diesen Geschichten Aufgaben, Werkzeuge und – besonders wichtig – Ergebnisse vorkommen. Gehen Sie Schritt für Schritt vor. Am besten, Sie stellen sich vor, die Geschichten einem kleinen Kind zu erzählen, das immer wieder fragt: »Und dann, was hast du dann gemacht?«

Unterstreichen Sie schließlich die benutzten Verben und ordnen Sie diese den Gruppen »Menschen«, »Ideen und Konzepte«, »Zahlen und Daten« oder »Handwerk, Maschinen und Technik« zu. Schauen Sie sich am Schluss an, welche Gruppe die meisten Einträge enthält. – Zur Auswertung kommen wir später.

### Die vier wichtigsten Bereiche

Etwas vereinfacht gesagt lassen sich berufliche Tätigkeiten in vier Hauptgruppen aufgliedern

- **Menschen:** helfen, Anweisungen entgegennehmen, dienen, sprechen, Hinweise geben, unterhalten, überzeugen, beaufsichtigen, unterrichten, verhandeln, trainieren ...

- **Ideen:** ausdenken, erfinden, entwickeln, planen, Konzepte erstellen, kreativ sein, künstlerisch tätig sein (z. B. musizieren, schauspielern, malen, tanzen) ...

- **Daten (Zahlen):** vergleichen, errechnen, zusammenstellen, analysieren, koordinieren, Neuerungen einführen, Verbindungen herstellen ...

- **Maschinen (Materialien):** Material zuführen/ wegtragen, bedienen, einstellen, in Betrieb setzen, Feineinstellungen vornehmen, werken, aufstellen, bearbeiten ...

Innerhalb dieser vier Hauptgruppen (oder großen Tätigkeitsbereiche) gibt es einfache und komplexere Fähigkeiten und Fertigkeiten, über die man verfügen kann. Diese können im handwerklich-praktischen Bereich liegen (wie z. B. einfachste Wartungsarbeiten durchführen, reparieren oder, was schon bedeutend anspruchsvoller wäre, konstruieren) oder als soziale Kompetenz auftreten (wie z. B. bedienen, koordinieren oder organisieren). Da in der Regel höhere Fähigkeiten voraussetzen, dass man über einfachere verfügt, können Sie es sich sparen, auf die einfachen gesondert hinzuweisen.

Je höher Ihre Fähigkeiten einzustufen sind, desto mehr Freiheiten werden Sie in Ihrem Beruf haben. Wenn Sie nur einfache Fertigkeiten für sich beanspruchen, wird Ihr Arbeitgeber Ihnen ständig Vorschriften machen. Mit einem höheren Grad an Geschicklichkeit haben Sie mehr Raum für die Verwirklichung Ihrer eigenen Ideen, tragen aber auch mehr Verantwortung und können selbstständiger arbeiten.

### Ihre besonderen Fähigkeiten

Durch besondere Fähigkeiten und Fertigkeiten (Techniken) unterscheiden wir uns von unseren Mitmenschen. Dabei sind Fähigkeiten zunächst einmal nichts anderes als spezielle Anwendungen der Grundfähigkeiten. Die Grundlagen unseres täglichen Lebens sind: Lesen, Schreiben, Rechnen usw. Mit dem speziellen Einsatz sollen ganz bestimmte Ergebnisse erzielt werden. Diese Techniken müssen nicht einmal sonderlich komplex sein, sie sind sogar meist einfach zu beschreiben. Es wird Sie erstaunen, über wie viele Fähigkeiten Sie verfügen.

Aus besonderen Fähigkeiten ergeben sich Vorgänge, an die Sie sich voller Stolz erinnern, weil sie Ihnen Freude bereitet haben. Hierbei spielt es weniger eine Rolle, ob das Ergebnis andere überzeugen könnte. Normalerweise ergibt sich das eine aus dem anderen.

---

**LERNTEST**

**1. Lerntest: Bringen Sie die folgenden Antworten in die richtige Reihenfolge! Das Allerwichtigste zuerst ...**

Schätzen Sie ein: Welche Schritte, welche Phasen entscheiden hauptsächlich über Erfolg oder Misserfolg in der Bewerbungssituation?

a)   gute Recherche
b)   nachhaltige Vorbereitung
c)   sich mit sich selbst intensiv auseinandersetzen
d)   Unterstützung von kompetenter Seite
e)   die überzeugenden Bewerbungsunterlagen

Die richtige Lösung finden Sie im nächsten Lerntest auf Seite 32.

## Was kann ich am besten, und was mache ich am liebsten?

Sind Sie vielleicht besonders gut im Organisieren? Oder macht es Ihnen Freude, Dinge zusammenzubauen? Liegt Ihre Stärke im Analysieren, Überprüfen, Erfinden, Entscheiden oder Beraten von Menschen? Es gibt viele Möglichkeiten – denken Sie in Ruhe nach.

Denn: Wenn Sie etwas gut können, wird es Ihnen auch Spaß machen. Spaß haben Sie an einer Sache, weil sie Ihnen leichtfällt. Fragen Sie sich daher zunächst einmal bei einer Sache bzw. Tätigkeit »Macht mir das Spaß?« und nicht »Mache ich das gut?«.

Es sollte Ihnen jetzt nicht peinlich sein, Fähigkeiten von sich zu benennen, die Sie gut beherrschen, im Gegenteil, hier kommt es jetzt darauf an, wirklich herauszuarbeiten, was Sie gut können. Haben Sie keine Angst, Ihre »Erfolgsgeschichten« könnten als Prahlerei angesehen werden. Arbeitgeber wissen sehr wohl, dass Ihr Leistungspotenzial ohne Enthusiasmus niemals voll ausgeschöpft wird.

Wenn es Ihnen schwerfällt, diese Frage zu beantworten, dann hilft Ihnen vielleicht die nachfolgende Liste von Verben, Ihre Fähigkeiten und Begabungen zu beschreiben.

| | | | | |
|---|---|---|---|---|
| analysieren | darstellen | geben | nachforschen | unternehmen |
| anbieten | definieren | gebrauchen | nähen | unterrichten |
| anbringen | dekorieren | gestalten | nehmen | unterstützen |
| anleiten | diagnostizieren | gewinnen | organisieren | verantworten |
| annähern | dienen | großziehen | planen | verarbeiten |
| anpassen | drucken | gründen | programmieren | verbalisieren |
| anpreisen | einführen | halten | publizieren | verbessern |
| anregen | einordnen | heben | rechnen | verbinden |
| anwerben | einschätzen | helfen | reden | vereinen |
| arrangieren | einsetzen | herausgeben | rehabilitieren | vergrößern |
| auflösen | einspringen | herausfinden | reisen | verhandeln |
| aufnehmen | empfangen | herausziehen | reparieren | verkaufen |
| aufstellen | empfehlen | herstellen | restaurieren | verkleinern |
| aufwerten | entdecken | hervorheben | richten | versammeln |
| ausdehnen | entscheiden | identifizieren | riskieren | verschreiben |
| ausdrücken | entwickeln | illustrieren | sammeln | versöhnen |
| ausgraben | erfinden | improvisieren | schreiben | versorgen |
| ausstellen | erforschen | informieren | singen | verstärken |
| auswählen | erhalten | inspizieren | sortieren | verstehen |
| bauen | erinnern | integrieren | spielen | vertreiben |
| beantworten | erklären | interviewen | sprechen | vertreten |
| bedienen | erstellen | kochen | steuern | vervollständigen |
| beeinflussen | erneuern | komponieren | systematisieren | verweisen |
| befragen | erreichen | kommunizieren | tanzen | visualisieren |
| begreifen | erschaffen | kontrollieren | teilen | voraussagen |
| behandeln | erwerben | koordinieren | testen | vorbereiten |
| bekommen | erzählen | kritisieren | trainieren | vorführen |
| beliefern | fahren | lehren | treffen | vorstellen |
| benutzen | festigen | leiten | trennen | vorwegnehmen |
| beobachten | feststellen | lernen | überblicken | wiederfinden |
| beraten | finanzieren | lesen | übergeben | wiegen |
| berichten | folgen | liefern | überprüfen | zeichnen |
| beschützen | formen | lösen | übersetzen | zeigen |
| bestellen | formulieren | malen | überwachen | züchten |
| betreuen | fotografieren | manipulieren | überzeugen | zuhören |
| bewerten | fühlen | meistern | umschreiben | zusammenbauen |
| beziehen | führen | motivieren | unterhalten | zusammenfassen |

Überlegen Sie in aller Ruhe, was Sie anderen – ebenfalls qualifizierten – Mitbewerbern auf dem Arbeitsmarkt voraushaben. Das ist Ihr USP, Ihr Alleinstellungsmerkmal, etwas, das Sie deutlich positiv von anderen Bewerbern um denselben Arbeitsplatz unterscheidet. Erledigen Sie vielleicht Ihnen übertragene Aufgaben gründlicher, schneller, kreativer etc.?

Je präziser Sie Ihre Geschicklichkeit im Umgang mit Menschen, Ideen, Daten und Maschinen (Materialien) beschreiben können, desto eher finden Sie einen Arbeitsplatz und überzeugen Personalentscheider, sich für Sie zu entscheiden.

Es ist wichtig, dass Sie diese neuen Erkenntnisse, die Sie über sich gewinnen, aufschreiben.

### Ihre besonderen Erfolge

Nun geht es um Ihre besonderen Erfolge, große und auch kleine, kurzum das, was Sie persönlich erreicht oder geleistet haben: die Verbesserung einer Situation, die Lösung eines Problems oder einen materiellen oder geistigen Gewinn.

Ihre bisherigen Leistungen sind der Schlüssel für die Erstellung Ihres Lebenslaufs, die Basis für das erfolgreiche Absolvieren von Vorstellungsgesprächen und damit für das Erhalten des gewünschten Arbeitsplatzes.

Stellen Sie eine Liste Ihrer Leistungen auf. Dabei sollten Sie Ihre gesamte schulische und berufliche Laufbahn berücksichtigen. Denken Sie an jedes Ereignis, das von anderen bewundert wurde oder auf das Sie stolz waren.

Ihre Liste beruflicher Erfolge sollte Situationen wie die folgenden beinhalten:

- Sie lösten ein Problem oder bewährten sich in einer Ausnahmesituation.
- Sie haben etwas erschaffen oder gebaut.
- Sie entwickelten eine Idee.
- Sie zeigten Führungsqualitäten, als man Sie herausforderte.
- Sie hielten sich an spezielle Anweisungen und erreichten das Ziel.
- Sie erkannten ein besonderes Bedürfnis und befriedigten es.
- Sie haben aktiv zu einer Entscheidung oder einem Wechsel beigetragen.
- Sie steigerten den Gewinn, halfen Zeit zu sparen oder reduzierten die Kosten.
- Sie halfen jemandem, sein Ziel zu erreichen.
- Sie sparten Material, Aufwand etc. (Zeit und Geld) ein.

Wenn Sie Berufseinsteiger sind und noch keine beruflichen Erfolge vorzuweisen haben, können Sie z.B. darstellen, wie Sie Ihre Wohnung renovierten oder ein Auto kauften, um so Ihrem Gegenüber zu vermitteln, wie Sie bei Problemen und deren Lösung vorgehen. Bei der Themenwahl sind Ihrer Fantasie keine Grenzen gesetzt.

**Orientieren Sie sich bei Ihrer Darstellung an folgender Grundstruktur:**

1. Was war Ihr Ziel?
2. Wo lag das Problem?
3. Wie lösten Sie es?
4. Welche Fähigkeiten setzten Sie ein?
5. Welches Resultat erzielten Sie?

Die folgenden Fragen sollten Sie in Ihren Berichten klar bearbeiten und beantworten:

- Wie profitierten Sie bzw. das Unternehmen davon?
- Welcher Art war der Erfolg?

Benutzen Sie diese Erfolge als Bausteine für Ihre Bewerbungsunterlagen, aber auch später im Vorstellungsgespräch.

Beschreiben Sie die Vorgänge so genau wie möglich, dann können Sie in Ihren Bewerbungsunterlagen mit Ihren Erfolgsberichten Auskunft darüber geben, wie Sie Ihre Fähigkeiten in anderen beruflichen Situationen einsetzen werden. Denn hinter jeder Ihrer Leistungen stehen genau die Fähigkeiten, die Sie ans Ziel brachten. Wenn Sie Ihre Erfolge schildern, zeigen Sie dem potenziellen Arbeitgeber, wie Sie mit Ihren Fähigkeiten an Aufgaben in seinem Betrieb herangehen würden. Sie vermitteln ihm einen Eindruck davon, was er von Ihnen erwarten kann.

### Beispiel 1

*In dem letzten Restaurant – in dem ich als »Mädchen für fast alles« tätig war – hatten wir über längere Zeit mit einem deutlichen Umsatzrückgang zu kämpfen. Ich schlug dem Chef vor, ob wir nicht zu den schwächsten Umsatzzeiten, das waren der Montag- und der Dienstagabend, unseren Gästen etwas Besonderes anbieten könnten. Nur was, war die Frage, und da kam mir folgende Idee. An diesen Abenden sollte das zweite Essen nur die Hälfte kosten, einfach ideal für Paare. Es dauerte nicht lange, dann hatte sich dieser Naturalienrabatt herumgesprochen, und wir hatten an speziell diesen Tagen fast immer ein gut besuchtes Restaurant. Mein Chef besitzt noch zwei weitere Restaurants, und fortan war ich für das Marketing und die Sonderveranstaltungen maßgeblich verantwortlich. Später habe ich sogar kleine Events, Livemusik und schauspielerische*

Einlagen organisiert, und wir entwickelten uns zu einem richtigen Szene-Restaurant mit Kulturprogramm.

**Fazit:** *Ich verfüge über eine gute Portion Einfallsreichtum und Kreativität. Das kann ich geschickt im gastronomischen Bereich einbringen, insbesondere wenn es um Anreize für die Besucherzielgruppen geht, und dadurch den Umsatz deutlich verbessern …*

### Beispiel 2

*Wir hatten in unserem Sportverein nur eine sehr niedrige Quote an jungen Mitgliedern. Ich schlug dem Vorstand vor, einen Tag der offenen Tür für alle Schulen in der Umgebung zu veranstalten. Da gab es an einem Freitagnachmittag Musik und Vorführungen, und wir haben uns gezielt an die Schulen in der Umgebung und die Elternvertreter gewandt. Für Lehrer und Eltern hatten wir einige Experten organisiert, die Sport-, Ernährungs- und auch andere Gesundheitsthemen anboten. Nach diesem Tag bekamen wir im Laufe des nächsten Monats über 50 Neuanmeldungen von jungen Menschen und sogar 10 Eltern traten unserem Verein bei. Besonders stolz bin ich aber darauf, dass jetzt auch zwei Schulleiter unter den neuen Vereinsmitgliedern sind, die sich an ihren Schulen langfristig für unsere Anliegen engagieren werden.*

**Fazit:** *Ich habe ein Händchen für Organisation und Öffentlichkeitsarbeit bewiesen. Daraufhin bin ich in den Vorstand gewählt worden. Viele Vereinsmitglieder trauen mir zu, die Geschicke unseres Sportvereins nach außen gut zu vertreten.*

## 3. Was wollen Sie erreichen?

Bei aller Freude an außergewöhnlichen Fertigkeiten und Erfolgen – Talent allein reicht nicht. Sie müssen den Wunsch und den Willen haben, Ihre Fähigkeiten auch einzusetzen. Das ist genau der Punkt, an dem viele Begabte scheitern. Zum Aufbau einer Karriere gehören Zielstrebigkeit und Disziplin unbedingt dazu.

Sie haben sich ein Bild von sich selbst, von Ihren Persönlichkeitsmerkmalen und Ihren Kompetenzen gemacht. Nun möchten wir Ihnen helfen, darüber nachzudenken, was Sie damit anfangen können – und vor allen Dingen, was Sie damit anfangen wollen.

### Was wollen Sie wirklich?

Spontan glauben Sie wahrscheinlich, dass Sie diese Frage leichter beantworten können als die Frage nach den eigenen Fähigkeiten. Denn wer lobt sich schon gern selbst? Je länger Sie aber über die Frage nach Ihren persönlichen Zielen nachdenken, desto verschwommener und widersprüchlicher wird vermutlich das Bild, das Sie entwerfen. Aus diesem Grund ist es wichtig, dass Sie sich auch für diesen Aspekt genügend Zeit nehmen.

Bei der Frage »Was will ich?« sollten Sie zwischen privaten und beruflichen Zielen unterscheiden, dabei sind natürlich auch Überschneidungen möglich. Einen intensiven Einstieg in die Thematik finden Sie, wenn Sie sich mit den folgenden 10 Fragen befassen.

---

## 10 knallharte Fragen*

Mit diesen 10 Fragen bringen wir unsere Seminarteilnehmer fast immer zu einem neuen Bewusstsein, zu einer Erweiterung ihrer Sichtweise und Erkenntnis. Nach den ersten fünf sollten Sie sich eine längere Pause gönnen, nach der zehnten könnten Sie den starken Wunsch verspüren, Ihr Leben zu verändern.

**1. Was würden Sie tun,**
wenn Sie nur noch zwölf Monate Lebenszeit vor sich hätten, aber bis zum Ende völlig gesund, schmerzfrei, also im Vollbesitz Ihrer physischen und geistigen Kräfte wären und schon alle Plätze dieser Welt, die für Sie interessant sind, gesehen hätten und auch alle Verwandten und Freunde über Ihr Schicksal informiert und sich mit den für Sie wichtigen Personen ausgesprochen hätten?

**2. Was würden Sie tun,**
wenn Sie bis zu 100 Millionen Euro ausgeben könnten und schon alle persönlichen Finanzfragen geklärt hätten, Ihrer Familie und Freunden schon genug gegeben und ebenso für wohltätige Zwecke bereits großzügig gespendet hätten und bei bester persönlicher Gesundheit wären?

**3. Was würden Sie tun,**
wenn Sie wüssten, es könnte nichts schiefgehen, dass alles, was Sie machen und anpacken, Ihnen gelingen würde? Lassen Sie Ihrer Fantasie freien Lauf. Unabhängig davon, wer Sie heute sind und in welcher Situation Sie leben.

---

* Nach Anregungen von Max Eggert, *The Perfect Career*, 2003.

### 4. Welche Person möchten Sie sein, wenn Sie es sich aussuchen könnten?

Egal aus welchem Bereich auch immer, Kunst, Kultur, Politik, Geschichte, Literatur, egal ob diese Person männlich oder weiblich ist, noch lebt oder bereits vor langer Zeit gelebt hat, unabhängig davon, ob sie überhaupt jemals real existiert hat oder nicht, also auch nur ein fiktiver Charakter ist.

### 5. Wenn Sie ein Tier oder ein Gegenstand sein könnten, was wären Sie dann am liebsten und warum?

Lassen Sie Ihrer Fantasie freien Lauf.

### 6. Was erwarten Sie von Ihrem Leben?

Sie können nicht wissen, was Sie von Ihrem Berufsleben erwarten, wenn Ihnen nicht klar ist, was Sie sich eigentlich von Ihrem Leben erwarten.

### 7. Was bedeutet es für Sie, Erfolg zu haben?

Suchen Sie sich keine Arbeitsaufgaben, keinen Arbeitsplatz, bevor Sie nicht wirklich darüber nachgedacht haben, was Erfolg für Sie persönlich bedeutet.

### 8. Was möchten Sie im Leben allgemein, für sich privat und beruflich erreichen?

Bestimmen Sie zuerst, was Sie im Leben beruflich wie privat erreichen wollen, und machen Sie sich erst dann auf den Weg zu Ihren Zielen.

### 9. Wem möchten Sie imponieren, wen durch Ihre persönlichen Eigenschaften und beruflichen Leistungen beeindrucken?

Die meisten Menschen sind permanent bemüht, andere Menschen zu beeindrucken. Finden Sie heraus, wen Sie auf welche Weise beeindrucken wollen und warum. Man kann nicht alle Menschen gleich beeindrucken.

Manche sind durch Geld, Status, andere durch Intellekt, Charakter, Fertigkeiten usw. zu überzeugen. Weshalb wollen Sie bewundert werden und von wem? Wir wünschen uns alle Beachtung und Wertschätzung. Die Frage ist nur, in wessen Augen und auf welche Weise.

### 10. Was ist Ihr eigentlicher Plan, Ihr geheimer Wunsch, Ihr Traumziel: reich, bewundert, berühmt oder mächtig und einflussreich zu werden?

Entscheiden Sie sich. Keiner spricht gerne offen von seinen Wünschen, beispielsweise »stinkreich« zu werden, immer im Mittelpunkt des Interesses zu stehen, von allen bewundert zu werden oder Macht ausüben zu können. Überwinden Sie sich, und gestehen Sie sich schonungslos ein, was Sie anderen gegenüber nicht so gerne zugeben würden. Es hilft Ihnen, herauszufinden, worum es Ihnen wirklich geht.

---

Haben Sie gründlich über die Fragen nachgedacht und – vor allem – sie ehrlich beantwortet?

Eltern, Lehrer, Freunde: Viele Menschen um Sie herum sagen Ihnen vielleicht, was Sie vom Leben erwarten sollten. Sie müssen die Ratschläge anderer für sich jedoch nicht akzeptieren. Gehen Sie mutig Ihren eigenen Weg (schließlich gilt: Wir sind nicht auf der Welt, um so zu sein, wie andere uns haben wollen).

Setzen Sie sich ausführlich mit den 10 Fragen auseinander. Es lohnt sich, länger über sie nachzudenken, denn man kann schnell einer (Selbst-)Täuschung anheimfallen, wenn es um die Frage geht: Was erwarte ich vom Leben? Denken Sie besser zweimal darüber nach.

### Was wollen Sie mit Ihrer Arbeit bewirken?

Sie sollten möglichst ein konkretes Ziel vor Augen haben. Etwas mutig auszuprobieren ist sicher ehrenvoll, etwas zu erreichen, zu erzielen, zu bewirken eindeutig besser. So hilft es niemandem, wenn Sie z. B. nach vierstündiger erfolgloser Recherche sagen: »Immerhin habe ich es probiert!« Suchen Sie

besser weiter, bis Sie fündig geworden sind, denn in der Arbeitswelt zählen nicht Versuche, sondern Erfolge!

Die Voraussetzung dafür ist, dass Sie wissen, was Sie wollen bzw. suchen. So haben Sie ein konkretes Ziel vor Augen und arbeiten erfolgreich darauf hin. Das erfordert eine gewisse Planung. Die grundsätzlichen Fragen dabei sind: Was treibt Sie an? Was ist Ihre Motivation?

### Ihre Arbeitsmotivation

Welche Arbeitsmotive und -ergebnisse sind Ihnen wichtig? Kurz-, mittel- und langfristig? Und warum? Machen Sie sich Gedanken darüber, wie die unmittelbaren Ergebnisse Ihrer Arbeit aussehen sollen.

### Welche Ergebnisse möchten Sie erzielen und auf welche Weise?

Wollen Sie z. B. ein Produkt herstellen, Menschen helfen oder Informationen sammeln? Versuchen Sie, diese Frage mithilfe der folgenden Übersicht zu den drei Hauptrichtungen der Leistungsmotivation zu beantworten.

Es gibt drei Hauptrichtungen, in die Leistungsmotivation eingeteilt werden kann. Etwas vereinfacht:

**Der Macher und Leader – er will vor allem ...**
- etwas bewirken
- maximalen Einfluss nehmen
- etwas voranbringen
- etwas erreichen
- etwas durchsetzen
- gestalten
- verantworten
- bestimmen
- entscheiden
- organisieren
- managen
- initiieren

**Der Helfer und Lehrer – er will vor allem ...**
- anderen helfen
- unterstützen
- erziehen
- andere ermutigen
- aufbauen
- anderen etwas beibringen
- erklären
- zeigen

- vermitteln
- beraten
- andere interessieren
- aufmerksam machen
- unterrichten

**Der Forscher und Künstler – er will vor allem etwas ...**
- herausfinden
- weiterentwickeln
- verbessern
- entdecken
- analysieren
- erforschen
- ausprobieren
- zum Laufen bringen
- erfinden
- beweisen

# ORIENTIERUNG: IHR WUNSCHARBEITSPLATZ

Zur guten Vorbereitung auf Ihre Initiativbewerbung gehört auch, dass Sie sich überlegen, wo Sie arbeiten wollen. Damit ist nicht nur der Ort gemeint, sondern vielmehr die Branche, die Arbeitsbedingungen und das Tätigkeitsfeld, in dem Sie aktiv werden wollen.

Wenn Sie das entschieden haben, können Sie sich ganz gezielt bei bestimmten Unternehmen bewerben bzw. Networking betreiben (siehe Seite 30), um Ihrem Wunschjob näher zu kommen.

Wenn Sie Ihren idealen Arbeitsplatz schneller finden wollen, müssen Sie ein Bild davon in Ihrem Kopf haben. Je deutlicher dieses Bild ist, umso besser für Ihre Suche.

Bisher sind Sie davon ausgegangen, dass Sie einen Bereich kennen, der Sie speziell interessiert. Um jedoch Ihr Blickfeld zu erweitern, überlegen Sie zunächst auch einmal, wie das »Drumherum« bei Ihrer Arbeit aussehen sollte, damit Sie beruflich zufrieden und glücklich werden. Wenn Sie sich mehr Klarheit darüber verschaffen wollen, beantworten Sie die folgenden Fragen:

1. Wo genau oder in welcher Umgebung und in welchem geistigen und emotionalen Klima würden Sie am liebsten arbeiten?
2. Mit welchen Leuten würden Sie bevorzugt zusammenarbeiten?
3. Unter welchen zeitlichen Bedingungen (Voll- oder Teilzeit) und mit welcher Arbeitskraft (120-prozentig oder eher so nebenbei) möchten Sie sich engagieren?
4. Mit welchen Dingen würden Sie sich am liebsten beschäftigen?
5. Welche kurz- und langfristigen Arbeitsergebnisse sind Ihnen wichtig?
6. Wie möchten Sie be- und entlohnt werden?

Natürlich ist es schwierig, einen Arbeitsplatz zu finden, der ganz genau Ihren Vorstellungen entspricht; aber Sie werden überrascht sein, wie nahe Sie diesem Ziel kommen können, wenn Sie Ihren Traum nicht von vornherein selbst anzweifeln. Sie werden vermutlich nur unzufrieden bleiben, wenn Sie die Suche nicht oder nur halbherzig angehen.

### Die 6 gefährlichsten Fallen

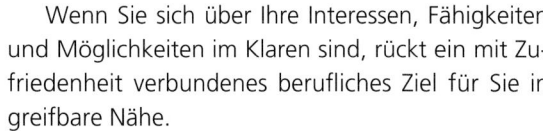

- Sich darauf zu verlassen, dass man schon erkennen wird, was Sie zu leisten imstande sind, und diese Leistung dann auch wertgeschätzt wird
- Zu glauben, Ihre beigefügten Arbeitszeugnisse/Arbeitsproben könnten Ihr Gegenüber von Ihrem Wissen und Können überzeugen
- Dem Leser Ihres Angebotes zu viel oder zu wenig anzubieten
- Die wichtigsten Spielregeln bei einer klassischen schriftlichen Bewerbung außer Acht zu lassen (Stichwort Auswahl des Fotos)
- Ebenso die Bedeutung der Rubriken Hobbys, Interessen, Engagement zu unterschätzen
- Überhaupt: die Überschrift »Lebenslauf« viel zu wörtlich zu nehmen

Hatten Sie sich Ihren letzten bzw. derzeitigen Arbeitsplatz selbst ausgesucht? Wahrscheinlicher ist, dass Sie Ihren Job durch Zufall fanden und er Ihnen in dem Augenblick ganz gelegen kam. Haben Sie jemals einen Gedanken daran verschwendet, was Sie an Ihrer Arbeit wirklich interessiert und begeistert oder was Ihnen in Ihrem Berufsleben fehlt? Falls Sie in Ihrer derzeitigen Position unglücklich sind, sollten Sie möglichst genau wissen, was Sie daran ändern wollen.

Vielleicht kennen Sie schon lange Ihre beruflichen Wünsche, wollten sie sich und anderen aber nicht eingestehen, vielleicht gab es jedoch nur dieses unbestimmte Gefühl einer Unzufriedenheit, das Ihnen gelegentlich zu schaffen machte.

Wenn Sie an Ihrem zukünftigen Arbeitsplatz zufrieden sein wollen, dann sind für die richtige Wahl Ihre persönlichen Interessen genauso wichtig wie die Berücksichtigung Ihrer Fähigkeiten. Interessen und Fähigkeiten sind überhaupt nicht voneinander zu trennen: Wir bringen die besten Leistungen bei der Erledigung von Aufgaben, die uns Spaß machen oder Erfüllung bringen.

#### Ihr potenzieller Arbeitgeber / Auftraggeber

Ein Arbeitgeber richtet sein Augenmerk natürlich eher auf den Nutzen und Gewinn, den er für sich und sein Unternehmen erwarten kann, weniger auf Ihre Interessen. Trotzdem sollten Sie sich an dieser Stelle vor allem Gedanken darüber machen, was Sie im Leben am meisten interessiert, denn nur so lassen sich Privat- und Berufsleben in einen günstigen, befriedigenden Einklang bringen. Gehen Sie an Ihre Arbeit mit dem Engagement heran, das Sie auch in Ihrer Freizeit bei Ihrer Lieblingsbeschäftigung entwickeln.

Wenn Sie sich über Ihre Interessen, Fähigkeiten und Möglichkeiten im Klaren sind, rückt ein mit Zufriedenheit verbundenes berufliches Ziel für Sie in greifbare Nähe.

Angenommen, Sie erkennen bei sich Verkaufstalent. Verkaufen können ist zweifelsohne eine der wichtigsten Fähigkeiten in unserer Arbeitswelt. Aber neben der entscheidenden Frage, was Sie eigentlich verkaufen wollen, ob Luftballons oder Sonnenkollektoren, Konzertkarten oder Kooperationskonzepte für multinationale Großkonzerne, neben dem Verkaufsgegenstand also, ist es für Sie und Ihr Vorhaben bedeutsam, wer hinter Ihrem potenziellen Verkaufsobjekt steht, mit welcher Zielgruppe und mit welcher Art von Arbeitgeber Sie es zu tun haben.

Klar jedenfalls ist, dass sich Luftballongroßhändler von Unternehmensberatungen für Großkonzerne ganz gewaltig unterscheiden. Und damit dürfte ebenso klar sein, dass sich die Art der Kontaktaufnahme mit diesen Unternehmen jeweils deutlich unterscheidet. Aber auch die langfristige Kommunikation in diesem branchenspezifischen Betätigungsfeld wird sich unterschiedlich gestalten mit all den sich daraus ergebenden Konsequenzen für Sie als jemand, der/die hier etwas anzubieten hat, der/die hier erfolgreich tätig werden will.

Die präzise Ausrichtung auf Ihre Zielgruppe, auf die Einkäufer Ihrer Dienstleistung, ist einer der wichtigsten Bausteine in Ihrem strategischen Vorgehen. Wenn Sie dann noch das bedeutsamste, das dringendste Problem Ihrer Zielgruppe erkennen und bedienen können, wird Ihr beruflicher Erfolg nicht lange auf sich warten lassen (siehe auch Seite 39, »Exkurs: Davon träumen Arbeitgeber«).

#### Die besonderen Anforderungen

Sie wissen, was Sie Besonderes können, und kennen das berufliche Betätigungsfeld, in dem Sie wahrscheinlich erfolgreich sein werden. So haben Sie die dafür interessanteste Zielgruppe – Ihren Arbeitsplatzanbieter – identifiziert. Jetzt gilt es, für genau diese Zielgruppe die wichtigsten beruflichen Probleme so präzise wie möglich zu analysieren, um die geeigneten Lösungen anbieten zu können.

Je besser Ihnen das gelingt, je genauer Sie durch Ihr besonderes Leistungsangebot die Probleme Ihrer Zielgruppe zu lösen helfen, desto wichtiger werden Sie für Ihre Zielgruppe, desto wertvoller sind Ihre Dienste.

Hierbei hilft Ihnen ein einfacher gedanklicher Rollentausch. Je besser Sie sich in die Lage Ihrer Zielgruppe versetzen können, desto größer ist Ihre Chance, deren Probleme zu erkennen und zu verstehen. Damit ist für Sie die Möglichkeit verbunden, dieser Zielgruppe ein überzeugendes Problemlösungsangebot zu offerieren.

Versetzen Sie sich in die Lage Ihres potenziellen Arbeitgebers: Was wäre wohl Ihr größtes Problem, wenn Sie sich in der beruflichen Situation befänden, in der Ihr potenzieller Chef ist?

Lassen Sie sich dabei immer von der Frage leiten, was gerade Sie tun können, um den Nutzen Ihrer Dienstleistung für Ihre Zielgruppe zu optimieren. Denn: Die Verbesserung der beruflichen Situation Ihrer Zielgruppe hat mit Sicherheit positive Auswirkungen, positive Rückwirkungen auf Sie. Dabei werden Sie früher oder später auch auf Grenzen Ihrer Leistungs- und Problemlösefähigkeiten stoßen. Grund, sich mit der Frage auseinanderzusetzen: Was hindert Sie, was ist Ihr persönlicher Engpass, wo hapert es noch in der Bemühung um ein besonderes Leistungsangebot für Ihre Zielgruppe?

**Die drei Kriterien für ein effektives Ziel**
- Es ist möglichst genau definiert: Finden Sie heraus, was Sie erreichen wollen.
- Es ist konkret messbar: Drücken Sie es in Zahlen aus.
- Es kann von Ihnen weitestgehend selbst bestimmt werden: Sie haben die volle Kontrolle über den Weg zum Ziel.

---

### ✪ Checkliste: Orientierung

○ Erarbeiten Sie sich ein klares inneres Bild: von sich selbst, von Ihren Fähigkeiten, von Ihren Neigungen, von Ihrem Traumjob.

○ Bestimmen Sie zuerst, was Sie im Leben erreichen wollen; erst dann definieren Sie Ihre weiteren Ziele.

○ Keiner spricht gern offen von seinen Wünschen, z. B. reich zu werden, von allen bewundert zu werden, Macht ausüben zu können usw. Überwinden Sie sich, und gestehen Sie sich selbst ein, was Sie anderen gegenüber nicht so gerne zugeben würden. Das wird Ihnen helfen, herauszufinden, worum es Ihnen wirklich geht.

○ Ermitteln Sie, wen Sie wie beeindrucken wollen und warum.

○ Gehen Sie Ihren eigenen Weg. Folgen Sie nicht den Ratschlägen anderer, wenn es um die Frage geht, was Sie persönlich vom Leben erwarten.

○ Haben Sie Vertrauen in Ihre eigenen Fähigkeiten.

---

### ✪ Checkliste: Konkretes berufliches Ziel

○ Formulieren Sie ein eindeutiges Ziel. Sagen Sie also nicht »Ich möchte aufsteigen«, sondern z. B. »Ich will im Unternehmen X bleiben und Leiter der Abteilung Y werden«.

○ Konkretisieren Sie Ihr Ziel. Verlangen Sie nicht einfach »Ich möchte zufriedener sein mit meiner Arbeit«, sondern machen Sie sich Gedanken, wie Sie das erreichen wollen, wie Sie den Grad von Zufriedenheit für sich ganz persönlich definieren. Hier ein Beispiel: »Ich will glücklicher in meinem Job werden, indem ich mich nicht mehr an langweilige Routineaufgaben klammere und dadurch mehr Zeit für die Planung, die spannendere Ausarbeitung konzeptioneller Ideen gewinne.«

○ Legen Sie fest, wann Sie Ihr Ziel erreicht haben wollen, und begründen Sie diesen Zeitpunkt. Das kann so aussehen: »Ich möchte in einem Jahr die Beförderung geschafft haben, denn länger zu warten, wäre frustrierend.«

○ Überprüfen Sie, ob sich Ihr berufliches Ziel mit Ihren privaten Interessen und Vorstellungen vereinbaren lässt. Wenn Sie z. B. Abteilungsleiter werden wollen, aber gleichzeitig mehr Zeit mit Ihrer Familie verbringen möchten, sollten Sie sich fragen, wie das funktionieren kann. Falls Sie feststellen, dass es sehr wahrscheinlich zu Zielkonflikten kommen würde, müssen Sie sich für ein Ziel entscheiden und sich darauf konzentrieren.

○ Finden Sie heraus, welche inneren Zwänge Sie am Erreichen Ihres Zieles hindern könnten.

○ Überlegen Sie, ob und von welcher Seite Sie mit Unterstützung für Ihre Anstrengungen rechnen können.

○ Prüfen Sie, wie realistisch Ihr Ziel ist. Gerade über diesen Punkt sollten Sie mit anderen reden. Auf diese Weise bekommen Sie Tipps, wie Sie die Sache am besten anpacken oder welche Ziele Sie alternativ ansteuern könnten.

# Erfolgskonzepte

Für jeden Menschen bedeutet erfolgreich zu sein etwas anderes. Für den einen ist Erfolg, 10.000 m² Teppichboden zu verkaufen, für den anderen, Verantwortung zu tragen und Entscheidungen zu treffen oder anderen Menschen hilfreich zur Seite zu stehen.

Wenn es darum geht, das Berufsleben erfolgreich zu meistern, die eigenen Wünsche und Vorstellungen durchzusetzen, gibt es aber auch Grundlagen, die für alle Menschen gelten. Um solche geht es in diesem Kapitel.

## NETWORKING – MIT BEZIEHUNGEN ZUM ERFOLG

Nichts ist in der Arbeitswelt so wichtig wie Beziehungen. Ein guter Bekannter erzählt Ihnen, dass im Betrieb eines Freundes ein Arbeitsplatz frei wird – genau der Job, den Sie schon lange suchen. Und er legt für Sie ein gutes Wort bei seinem Freund ein. Ein Idealfall sicherlich, aber so oder ähnlich läuft es nun mal oft im Geschäftsleben.

Voraussetzung dafür, dass Sie solche Informationen und persönlichen Empfehlungen bekommen, ist, dass Sie Leute kennen, die Sie mögen, die sich für Sie einsetzen und die bereit sind, Sie zu fördern. Ohne entsprechende Position in einem Unternehmen ist das natürlich schwierig. Deshalb: Die Beziehungen zu anderen, die sich für Sie einsetzen, sollten Sie nicht über-, aber vor allem auch nicht unterschätzen.

### Netzwerke sind wichtig

Über beinahe jede freie Stelle sprechen die Verantwortlichen zunächst mit Geschäftspartnern oder Freunden, bevor die Position öffentlich ausgeschrieben wird – wenn man sie überhaupt je auf dem Arbeitsmarkt anbietet. Wenn jemand befördert, entlassen oder versetzt wird, ist das eine Zeit lang nur einem kleinen Kreis von Personen bekannt.

Zuerst redet man in der Abteilung über die anstehende Veränderung, dann werden die nächsthöheren Vorgesetzten informiert und um Zustimmung gebeten. Anschließend überlegt man, welche der vorhandenen Mitarbeiter für eine Beförderung infrage kommen. Erst nach all diesen Erwägungen schaltet man die Personalabteilung ein, die sich dann früher oder später für oder gegen eine Stellenanzeige oder den Einsatz eines externen Personalberaters entscheidet.

Dieser informelle Prozess findet täglich überall auf der Welt statt, und Arbeitsplätze werden besetzt, ohne dass irgendjemand in der Öffentlichkeit davon erfährt. Auf der Suche nach einem neuen Arbeitsplatz muss es Ihnen daher gelingen, einen Zugang zu diesen Informationskreisen zu finden. Sie sollten also auf Ihre Kenntnisse und Leistungen möglichst frühzeitig aufmerksam machen, nämlich bevor in der Zeitung eine Annonce erscheint, auf die dann 500 andere Bewerber antworten.

Dieses Ziel erreichen Sie, indem Sie zu möglichst vielen Menschen Kontakte knüpfen, bis Sie schließlich auf Leute treffen, die von interessanten freien Stellen gehört haben oder Ihnen sogar direkt weiterhelfen können. Sind Sie erst einmal Teil dieses Informationskreislaufs, haben Sie einen enormen Vorteil gegenüber anderen Kandidaten.

Ziel Ihrer Netzwerkstrategie muss es natürlich sein, jemanden kennenzulernen, für den Sie gerne arbeiten würden. Aber auch alle Menschen, die Ihnen auf dem Weg zu diesem Ziel begegnen, sollten Teil Ihres Netzwerkes werden, denn Zufälle spielen eine wichtige Rolle beim Informationsfluss. Der entscheidende Hinweis auf einen Arbeitsplatz kann von jedem Ihrer Mitmenschen kommen.

## So bauen Sie ein Beziehungsnetz auf

Vielleicht verfügen Sie ja auch schon über besondere Beziehungen (»Vitamin B«). Wenn nicht, sorgen Sie dafür, dass sie entstehen, z.B. durch Verwandte, Bekannte, Freunde, die Freunde Ihrer Freunde, Exkollegen, Ausbilder oder Vorgesetzte. Und wenn Sie keiner empfiehlt, empfehlen Sie sich selbst. Das (Berufs-)Leben schafft Kontakte, sei es z.B. auf Fachmessen, Kongressen, Tagungen, bei Verkaufskontakten oder Forschungsvorhaben.

Sie sollten stets und ganz besonders während einer Phase der Arbeitslosigkeit jede Gelegenheit nutzen, neue Kontakte zu knüpfen. Wenn Sie beispielsweise einen interessanten Vortrag besuchen, sind Sie am Ende der Veranstaltung unter denen, die mit dem Referenten sprechen und ihm »kluge Fragen« stellen – u.a. vielleicht auch, welche Berufsaussichten er für jemanden mit Ihren Kenntnissen sieht. Auf diese Weise erhalten Sie vielleicht hilfreiche Informationen. Sie können den Referenten auch fragen, ob Sie ihn für weitere Auskünfte anrufen dürfen – doch Vorsicht: nicht zu aufdringlich sein!

### Netzwerke in Beruf und Freizeit

Viele erwachsene Deutsche sind Mitglied in mehreren Vereinen. Viele junge Menschen sind mit anderen gemeinsam sportlich aktiv. Ein Teil der Bevölkerung hat ein Parteibuch, was sowohl früher als auch heute für das berufliche Vorankommen in bestimmten Bereichen enorm wichtig war und ist.

Gehören Sie Ihrem Berufsverband an? Sind Sie Gewerkschaftsmitglied? Ordnen Sie sich einer der beiden großen Kirchen in unserem Lande zu? Das alles sind beispielsweise klassische institutionalisierte Netzwerke in Beruf und Freizeit, genauso wie Sportvereine oder exklusive Vereinigungen wie Rotarier, Freimaurer oder besondere Golf- und Tennisklubs – sogar in Selbsthilfegruppen knüpfen Sie Kontakte.

Nicht zu vergessen sind im beruflichen Bereich Messen, Tagungen und Fortbildungsveranstaltungen, die einen geradezu idealen Nährboden für weitergehende Netzwerkkontakte darstellen.

Manchmal vergisst man, die naheliegenden Kontakte zuerst zu nutzen. Was könnte beispielsweise Ihr Berufsverband für Sie tun oder die Gewerkschaft oder ...? Es kommt uns hier nur darauf an, Ihnen bewusst zu machen, dass auch Sie ein weitgehend vorbereitetes Terrain vorfinden können, das Sie nur noch gezielt bearbeiten müssen. In der Politik nennt man so etwas Lobbyarbeit.

### Beziehungen nutzen

Sie treffen sich privat oder geschäftlich mit Leuten, in Gruppen oder zu zweit. Sie lernen andere Menschen kennen, und jeder erzählt von sich. Bei dieser Gelegenheit knüpfen Sie persönliche Kontakte und erhalten auch Informationen über Berufe und Firmen, die Sie auf die richtige Spur zum zukünftigen Arbeitgeber führen können. Ihre Bekannten bilden ein unterstützendes Team. Durch dieses Netzwerk ergeben sich in kürzester Zeit ungeahnte Möglichkeiten. Ein einzelnes Gespräch und die entscheidende Information können viel effektiver sein als eine Stellenanzeige, die von Tausenden gelesen wird.

Im Laufe der Zeit werden Sie so viele Informationen zusammentragen, dass Sie sich unmöglich alles merken können. Notieren Sie Namen, Adressen, Telefonnummern, Arbeitgeber, Position und Bekannte Ihrer Kontaktpersonen. Sie sollten diese Informationen unbedingt regelmäßig sichten und aktualisieren.

Gehen Sie aber am besten von vornherein davon aus, dass Sie im Laufe Ihres Bewerbungsprozesses ein paar Namen aus Ihrer Netzwerkliste werden streichen können. Wenn Sie Erfolg im Beruf haben, sind Sie schnell von »Freunden« umgeben, die Sie um Rat bitten und deren eigenes Vorwärtskommen von Ihrer Hilfe abhängt. Sollten Sie aus irgendwelchen Gründen Ihre Stelle verlieren, stehen diese Leute wahrscheinlich ganz weit oben auf Ihrer Netzwerkliste. Spätestens jetzt werden Sie feststellen, dass es zwei Arten von Bekannten gibt. Da sind einmal die »Gutwetterfreunde«, die alles für Sie getan haben, als Sie noch »in Amt und Würden« waren, plötzlich aber nur noch sehr schwer zu erreichen sind. Diese Personen schätzten Ihre Stellung, als Mensch waren Sie ihnen ziemlich gleichgültig.

Zum Glück gibt es aber auch Freunde, die sich wirklich engagieren und Bemühungen auf sich nehmen werden, um Ihnen zu helfen.

### Und so gehen Sie vor

Nun zur Vorgehensweise. Fragen Sie jeden Ihrer Kontakte: »Kennen Sie jemanden, der in der Firma XY arbeitet oder gearbeitet hat?« Wenn Sie auf jemanden treffen, der die Frage mit »Ja« beantwor-

### 2. Lerntest: Ihr Wissensstand zur Nutzung des Internets bei der Initiativbewerbung

Achtung! Es können auch mehrere Antworten oder keine richtig sein.

Nutzen Sie bei Ihrem initiativen Bewerbungsvorhaben das Internet für die Recherche, als Kommunikationsmedium und um interessante ...

a) Gehaltsvergleiche anzustellen
b) Menschen aus Ihrer Branche kennenzulernen
c) Informationen über Ihren Wunscharbeitsplatz herauszufinden

Die richtige Lösung finden Sie auf Seite 49.

Lösung 1. Lerntest: c, b, a, d, e. Für die richtige Reihenfolge gibt es 5 Punkte, bei einer Abweichung –1 Punkt usw.

tet, erkundigen Sie sich nach Namen und Telefonnummer der Person, die für XY arbeitet. Wenn Sie Glück haben, ist Ihre Kontaktperson bereit, diesen Menschen anzurufen und zu sagen, wer Sie sind, und Ihnen zu einem Kontakt zu verhelfen.

Anschließend rufen Sie selbst die Person, die für das Unternehmen XY arbeitet, an und bitten um ein kurzes Gespräch. Nach Austausch der üblichen Höflichkeitsfloskeln kommen Sie dann auf Ihr Anliegen zu sprechen. Da Ihr Gesprächspartner die Organisation XY von innen kennt, wird er Ihre Frage genau beantworten können: »Wer stellt in der Firma XY das Personal für den Bereich ein, in dem ich arbeiten möchte?« Fragen Sie nicht nur nach Namen, Adresse, Telefonnummer des Verantwortlichen, sondern auch nach seinem genauen Aufgabenbereich, seinen Hobbys und seinem Befragungsstil.

Stellen Sie gegen Ende des Gesprächs allgemeine Fragen zum Unternehmen. Am Schluss bedanken Sie sich bei Ihrer Kontaktperson und verabschieden sich. Versäumen Sie auf gar keinen Fall, sich noch am selben Abend hinzusetzen und eine Nachricht zum Dank zu schreiben.

### Erfolgreich bewerben mithilfe von Beziehungen

Auf der Suche nach einem Arbeitsplatz müssen Sie sehr viel Zeit investieren, sich mit Leuten zu treffen und sich auszutauschen, um auf diesem Wege von neuen Arbeitsmöglichkeiten zu hören. Durch Ihre

Kontakte gelangen Sie an Informationen über interessante Unternehmen und stoßen auf Angebote des verborgenen Arbeitsmarktes. Mit »verborgenem Arbeitsmarkt« sind Stellen gemeint, die bisher nicht öffentlich ausgeschrieben waren oder Arbeitsvermittlern mitgeteilt wurden. Etwa gut 70 Prozent der zu besetzenden Arbeitsplätze werden dem freien Arbeitsmarkt nicht in Form von Stellenangeboten zugänglich gemacht.

Sie müssen also nur mit möglichst vielen Personen reden, damit Sie die gewünschten Reaktionen im Zusammenhang mit Ihrem Bewerbungsvorhaben bekommen. Gibt es auf dem Arbeitsmarkt freie Stellen in den angestrebten Berufen? Befinden sich die Arbeitsplätze in der Nähe Ihres derzeitigen Wohnortes, oder werden Sie in eine andere Stadt ziehen müssen? Nur wer mit anderen Leuten spricht, findet heraus, welchen Wert seine Interessen, Kenntnisse und Erfahrungen für die geplante Karriere haben. Diese frühzeitige Einschätzung hilft Ihnen, Zeit und Mühen zu sparen, die Sie sonst für die Suche nach einem Job eingesetzt hätten, der für Sie vielleicht gar nicht infrage kommt.

### Kontakte zu Arbeitnehmern in Ihrem Wunscharbeitsfeld

Recherchieren Sie genau zu Arbeitsfeldern und Unternehmen, bevor Sie sich für eine Initiativbewerbung entscheiden. Gespräche sind umso hilfreicher, je näher Sie an Personen herankommen, die Ihren Wunschberuf bereits ausüben. Besorgen Sie sich also die Namen von möglichen Ansprechpartnern im Bekanntenkreis oder bei Beratungsstellen. Sobald Sie die Namen haben, rufen Sie die Personen an und bitten sie um ein kurzes Gespräch. Bereiten Sie eine Liste mit den wichtigsten Punkten vor. Wenn Ihnen nichts einfällt, versuchen Sie es mit folgenden Fragen:

- Wie fanden Sie den Einstieg in Ihr Berufsfeld, in diese spezielle Position?
- Was gefällt Ihnen an Ihrem Beruf am besten?
- Was stört Sie am meisten an Ihrer Arbeit?
- Mit wem, der ebenfalls in diesem Bereich arbeitet, sollte ich noch reden?

Sie sollten möglichst direkt und geradezu »hautnah« erfahren, wie sich Ihr Wunschberuf »anfühlt«, um den entsprechenden Berufsalltag etwas besser kennen- und einschätzen zu lernen. Dieser Vorgang lässt sich gut mit dem Kauf eines neuen Kleidungsstückes vergleichen. Wenn Ihnen ein im Schaufenster ausgestelltes Bekleidungsstück gefällt, gehen Sie in das Geschäft und probieren es an, bevor Sie es kaufen, denn was in langer Kleinarbeit mit Hunderten von Stecknadeln kunstvoll auf die Schaufensterpuppe drapiert wurde, mag an Ihnen wie ein Kartoffelsack hängen. Mit Berufen ist das nicht anders.

## Mögliche Referenzgeber ansprechen

Überlegen Sie sich, wer positive Aussagen über Sie und Ihre Leistungen machen kann. Sie sollten diese Leute um Unterstützung bitten. Besprechen Sie mit ihnen, welche Auskünfte sie geben werden. Am besten beschränkt man sich in diesen Aussagen auf sachliche Hinweise zu Ihren Leistungen. Was Ihnen nicht nützt, sind langatmige, subjektive Rückblicke. Beachten Sie, dass Übertreibungen den Fragesteller veranlassen werden, weiter nachzuforschen.

Wenn Sie Glück haben, fragt Sie Ihr möglicher Referenzgeber: »Welche Auskunft soll ich geben?« Sollte diese Situation eintreten, ist es sinnvoll, die Anforderungen des angestrebten Arbeitsplatzes aufzulisten und zu überlegen, welche Ihrer bisherigen Leistungen einen Bezug dazu haben. Jeder, der Ihre Leistungen auf diese Weise bestätigen kann, ist ein guter Auskunftgeber.

Wenn Sie eine Führungsposition innehatten, sollten Sie als mögliche Kontaktpersonen auch Personen angeben können, die bereits für Sie gearbeitet haben. Diese früheren Mitarbeiter sind in der Lage, Ihre Qualitäten aus einer anderen Perspektive zu schildern.

## Übrigens

Wenn Sie die Sympathie und dadurch das Vertrauen Ihres Gegenübers gewinnen, dann werden Ihnen auch Leistungsbereitschaft und Eignung zugetraut. Man mag Sie einfach und vertraut Ihnen. Und das bedeutet dann: Man traut Ihnen den Job auch zu!

## ✪ Checkliste: Networking und Kommunikation

- ○ Trainieren Sie Ihre Kommunikations-, Kontakt- und Beziehungsfähigkeiten, sie sind der Erfolgsschlüssel für die Arbeitswelt.
- ○ Nutzen Sie alle Kontakte, die Sie bereits haben, ob Verwandte, Bekannte, Freunde, Freunde der Freunde, Exkollegen, Ausbilder oder Vorgesetzte.
- ○ Ihr Netzwerk sollte verschiedene Hierarchiestufen umfassen. Ein guter Kontakt zum Empfangspersonal kann unter Umständen genauso sinnvoll sein wie die Beziehungspflege zur Leitung Controlling.
- ○ Knüpfen Sie neue Kontakte – immer und überall: Sprechen Sie den Referenten nach einem interessanten Vortrag an, empfehlen Sie sich selbst auf Fachmessen, Tagungen etc.
- ○ Aktivieren Sie Ihre Kontakte in den klassischen institutionalisierten Netzwerken, z. B. Berufsverbänden, Gewerkschaften, Bürgerinitiativen, Sportvereinen.
- ○ Lernen Sie von Bekannten, die großartige Networker sind. Betrachten Sie Networking als eine Art Sprache: Wer eine Fremdsprache beherrschen will, lernt am besten von Muttersprachlern.
- ○ Zeigen Sie Ihren Mitmenschen, dass sie Ihnen wichtig sind. Stellen Sie sicher, dass Ihre Networking-Kontakte nicht das Gefühl bekommen, ausgenutzt zu werden. Melden Sie sich nicht nur, wenn Sie Hilfe brauchen.
- ○ Überlegen Sie, was Sie wiederum selbst für andere Personen tun können. Womit können Sie Ihrem Netzwerk nutzen?
- ○ Tragen Sie Informationen über die Personen in Ihrem Netzwerk schriftlich auf Karteikarten oder auf dem PC, Tablet oder Smartphone zusammen. Aktualisieren Sie regelmäßig Ihre Einträge.
- ○ Überlegen Sie sich, wer positive Aussagen über Sie und Ihre Leistungen machen kann (bei Führungskräften können das auch ehemalige Kollegen sein!). Bitten Sie diese Personen um Kooperation; besprechen Sie vorab, welche Auskünfte über Sie gegeben werden sollten.

**MERKBLOCK**

Verdeutlichen Sie sich: Sie sind der wahre »Arbeitgeber«, wollen Ihre Dienstleistung, Ihre Mitarbeit »verkaufen« und sind auf »Kundensuche«. So verstanden sind Sie (Problemlösungs-) Unternehmer.

# So ergreifen Sie die Initiative

Wer träumt nicht davon? Sie liegen auf Ihrer Couch. Der Pizzabote klingelt an der Tür. Im Karton finden Sie nicht nur die bestellte Pizza, sondern auch noch einen Brief vom Personalchef Ihres Traumunternehmens. Auf dem blütenweißen Papier lesen Sie die freundliche Bitte, doch morgen einmal zum Vorstellungsgespräch vorbeizuschauen. Sie brechen in lauten Jubel aus ... und wachen auf!

Denn: Die Realität sieht ganz anders aus.

## INFORMIEREN SIE SICH

Gerade wenn Sie sich entschieden haben, sich aktiv um eine Arbeitsstelle zu bemühen, sollten Sie gut über die Situation auf dem Wirtschafts- und Arbeitsmarkt informiert sein. So wissen Sie frühzeitig über Trends Bescheid und können entsprechende Initiativen ergreifen.

Bevor Sie Ihre schriftliche Bewerbung formulieren, sollten Sie sich umfassend über Ihren zukünftigen Arbeitsplatzanbieter informieren. Die wichtigsten Fragen zielen in diese Richtung:

- Um welches Unternehmen, was für einen Arbeitsplatz, welche Aufgabe geht es?
- Wie groß, wie alt ist das Unternehmen?
- Sind Umsatzzahlen bekannt?
- Welche Mitbewerber hat es, und wie steht es da?
- Welchen Ruf genießen das Unternehmen und seine Produkte/Dienstleistungen?
- Was wurde bisher über das Unternehmen berichtet?
- Was gibt es an aktuellen Ereignissen, Entwicklungen, die für dieses Unternehmen relevant sind?

Sie erhalten Auskünfte über ein Unternehmen, wenn Sie sich mit dort beschäftigten Mitarbeitern unterhalten, die auskunftsbereit und -fähig sind. Außerdem bieten sich das Internet sowie Fachliteratur (z. B. allgemeine und branchenspezifische Nachschlagewerke), die Sie in den größeren Bibliotheken finden, als Recherchemöglichkeit an. Sie können auch die PR-Abteilung eines Unternehmens kontaktieren und um Informationsmaterial bitten.

### Internet: Jobsuche und Initiativbewerbung

Das Internet bietet bezogen auf die Arbeitswelt eine Vielzahl an Möglichkeiten, um Informationen über die zu erwartenden Arbeitsaufgaben, den Auftraggeber (Unternehmen, Firmen etc.) und den Arbeitsort inklusive aller Bedingungen zu recherchieren. Egal ob mithilfe von allgemeinen Job-Portalen, Internetseiten mit branchenspezifischer Ausrichtung, Unternehmensseiten oder aber auch über die sozialen Medien – die Grenzen zwischen »ich suche aktiv potenzielle Auftraggeber/Arbeitgeber« und »ich lasse mich ganz bewusst von potenziellen Auftraggebern finden« verschwimmen. Die Unterschiede zwischen »ich reagiere auf ein Angebot« und »ich biete mich und meine Dienste aktiv an« werden kleiner. Damit Sie sich nicht verzetteln, ist es für Sie als Anbieter einer Dienstleistung wichtig, möglichst genau zu wissen, wonach Sie suchen, um entsprechend zielgerichtet vorzugehen – ggf. ist es natürlich dennoch klug, mehrgleisig zu fahren und durch ein strukturelles Vorgehen die Stellensuche zu vereinfachen.

Allgemeine Stellenangebote finden Sie insbesondere über die einschlägigen, breit aufgestellten Jobsuchseiten. Neben den klassischen Online-Börsen sind aber auch die großen Metasuchmaschinen sehr hilfreich. Sie durchsuchen Jobbörsen, Internetseiten von Unternehmen und Verbänden sowie Printmedien mit dem Vorteil, dass die Trefferquote höher ausfällt.

Es ist es sicherlich ratsam, auch auf fachspezifische Internetseiten zu setzen. Spezialisierte Stellenbörsen gibt es für zahlreiche Branchen, wie z.B. für Umwelt, IT, das Gesundheitswesen, den Rechtsbereich oder auch den öffentlichen Dienst. Andere Jobbörsen wiederum bieten gezielt Stellen aus der Start-up-Szene an. Immer mehr im Kommen sind die sogenannten »Social Jobs«. Es gibt inzwischen diverse Plattformen, die sich nur auf soziale und nachhaltige Berufe spezialisiert haben.

In allen Fällen erfahren Sie nicht nur, ob ein Unternehmen gerade ein Angebot macht und in einem Forum platziert hat, sondern finden auch Ansprechpartner und Adressen, an die Sie Ihr spezifisches Mitarbeitsangebot (auch eigeninitiativ) richten können.

Auch die sozialen Medien spielen eine Rolle: Wer heute auf Jobsuche ist, sollte möglichst in irgendeiner Form im Internet präsent sein. Denn Personalrekrutierer und nicht zuletzt Headhunter nutzen das Internet, um potenzielle Kandidaten zu identifizieren und zu kontaktieren. Hier bieten sich Online-Profile in den einschlägigen Karrierenetzwerken an. Dabei sollte darauf geachtet werden, passende und einfache Schlagworte in den entsprechenden Kategorien wie »Ich suche«, »Ich biete« oder »Interessen« zu verwenden.

Eine Alternative kann eine eigene suchmaschinenoptimierte Homepage (»Visitenkarte im Netz«) oder ein Blog zu einem bestimmten Thema im beruflichen Kontext sein. Aber allein schon die aktive Teilnahme an einschlägigen Fachdiskussionen trägt dazu bei, aufzufallen und Kontakte herzustellen. So wird man im Internet schneller gefunden.

Wer hätte gedacht, dass Online-Netzwerke wie Facebook und Twitter einmal für die Jobrecherche interessant sein könnten? Zwar sind die beiden Dienste keine klassischen beruflichen Netzwerke. Aber auf Facebook sind zahlreiche Firmen vertreten, deren Seiten sowohl als Informationsquelle als auch als Kommunikationsmöglichkeit dienen. Über branchenspezifische Gruppen können Job-Postings direkt im Stream empfangen werden. Auch auf dem Kurznachrichtendienst Twitter posten immer mehr Unternehmer freie Stellen. Mittlerweile hat sich »#jobs« für die Stellensuche etabliert. Auf der Internetseite *jobtweet.de* können schließlich Twitter-Nachrichten gezielt nach Berufsbezeichnung und Schlagwörtern eingegrenzt werden.

Wer jedoch bereits seine potenziellen »Traumarbeitgeber« im Blick hat, hat es noch einfacher: Fast jedes Unternehmen zeigt auf seiner Website eine Seite mit Stellenangeboten. Es gibt Firmen, die freie Stellen sogar nur noch auf ihrer Homepage ausschreiben. Auf diesen Seiten gilt es regelmäßig vorbeizuschauen. Um lange, chaotische Favoritenlisten in diesem Zusammenhang zu vermeiden, ist es eine Vereinfachung, hierfür mit einem sogenannten Bookmarking-Dienst zu arbeiten. So wird die Linkliste effizienter verwaltet und es kann von unterschiedlichen Endgeräten auf die Liste zugegriffen werden.

Zu guter Letzt bietet die Suchmaschine Google mit ihren Google-Alerts einen nützlichen Begleiter durch den Internet-Dschungel an: Einfach und kostenlos können Inhalte im Web verfolgt werden, indem für bestimmte Begriffe – z.B. »Manager Marketing München« –, zu denen man eine E-Mail-Benachrichtigung erhalten möchte, ein »Alert« erstellt wird.

Im Folgenden gehen wir noch einmal näher auf sechs Situationen zur Nutzung des Internets im Bewerbungsprozess ein:

- Suche nach Informationen über potenzielle Arbeitgeber,
- Suche nach den Stellenangeboten aus Zeitungen,
- Suche nach Stellenangeboten auf den Webseiten der Firmen,
- Suche auf digitalen Arbeitsmärkten,
- Erstellung und Präsentation eines beruflichen Profils auf speziellen Business-Kontaktbörsen,
- Kontaktaufnahme zu potenziellen Arbeitgebern.

### 1. Die Suche nach Informationen über Arbeitgeber

Egal, ob Sie dabei sind, Ihre Bewerbungsunterlagen zusammenzustellen oder ob Sie bereits zum Vorstellungsgespräch eingeladen wurden – das Internet bietet hervorragende Informationsmöglichkeiten.

Da Sie sich gezielt als optimaler »Problemlöser« für das Unternehmen profilieren wollen, müssen Sie zunächst wissen, wo denn genau diesen Arbeitgeber der Schuh drückt. Wenn ein Betrieb z.B. dabei ist, neue Modelle der Gruppenarbeit in der Fertigung einzuführen, dann sollten Sie vor dem Zusammenstellen Ihrer Bewerbungsunterlagen noch einmal recherchieren, was der aktuelle Stand der Diskussion zu diesem Thema ist. Wenn Sie dagegen (z.B. über die Website des Unternehmens) erfahren, dass Ihr potenzieller Arbeitgeber große Projekte mit französischen Firmen abwickelt, stellen Sie Ihr fließendes Französisch bei einer Bewerbung besonders in den Vordergrund.

### 2. Die Suche nach Stellenangeboten in Zeitungen

Beispielsweise finden sich Stellenangebote auf den Webseiten der *Frankfurter Allgemeinen Zeitung,* der *Süddeutschen,* des *Handelsblatts* und der *Zeit.*

Für Sie als Bewerber ist die Suche auf den Internetseiten der Zeitungen vor allem dann von Vorteil, wenn Sie sich in internationalen Publikationen oder mehreren Zeitungen gleichzeitig umsehen wollen. Achten Sie in jedem Fall darauf, wie aktuell die Anzeigen sind! Obwohl das Internet in der Theorie ein hochaktuelles Medium ist, sind die Anzeigen der Zeitungen nicht immer up to date.

Die Internetadressen der jeweiligen Printmedien finden Sie in den Zeitungen selbst, meistens im Impressum. Sie können die Websites natürlich auch via Suchmaschine finden. Ein weiterer Tipp: Auch Fachzeitungen und -zeitschriften bieten Stelleninserate an. Wenn Sie sich also in der günstigen Situation befinden, schon genau zu wissen, welchen Bereich Sie anstreben, suchen Sie auch in kleineren, möglicherweise hoch speziellen Fachpublikationen.

---

**Webtipps für die überregionale Suche nach Stellenanzeigen**

- www.jobs.zeit.de
- www.https://stellenmarkt.faz.net
- www.stellenmarkt.sueddeutsche.de
- www.karriere.de

---

### 3. Die Suche nach Stellenangeboten auf den Seiten der Firmen

Die meisten Firmen unterhalten eigene Stellenmärkte. Sie können sich von der Firmenwebsite aus zu den Seiten klicken, auf denen das Unternehmen bekannt gibt, welche Stellen zu besetzen sind.

Diese Jobseiten der Firmen sind in einigen Fällen mit einer Funktion verknüpft, über die sich ein Bewerbungsformular aufrufen lässt. Mit dem entsprechenden Button holen Sie sich das Formular auf den Bildschirm, das Sie wie einen standardisierten Bewerbungsvordruck ausfüllen und zurückschicken.

Seien Sie allerdings gewarnt: Diese automatisierten Bewerbungs- und Auswahlverfahren berücksichtigen bestimmte personalstrategische Gesichtspunkte (beispielsweise Alter, Bildungsabschlüsse,

Studiendauer, Verweildauer an Arbeitsplätzen). So geben viele Firmen z.B. als Auswahlkriterium ein, dass Bewerber die Durchschnittsstudiendauer nicht überschreiten dürfen. Haben Sie also BWL oder Maschinenbau studiert und wegen verschiedener Praktika und Auslandsaufenthalte 14 anstatt nur 9 Semester benötigt, interessiert das den Computer, der Ihre Bewerbung standardisiert auswertet, nicht. Oft werden Sie postwendend informiert, dass man Sie nicht für qualifiziert genug hält. Sind Sie trotzdem an dem ausgeschriebenen Job interessiert, hilft nur eins: Nehmen Sie herkömmliche Mittel und Wege in Anspruch, und greifen Sie zum Telefon. Die Kontaktadressen und Telefonnummern Ihrer Ansprechpartner sind gewöhnlich auf den jeweiligen Internetseiten angegeben, oder Sie finden diese telefonisch heraus.

### 4. Die Suche in Online-Jobbörsen

Unter zahlreichen Internetadressen veröffentlichen kommerzielle Anbieter Stellenangebote.

Meist zahlen die Arbeitgeber einen gewissen Betrag, um ihr Angebot dort zu präsentieren. Als Bewerber können Sie in diesen digitalen »Arbeitsämtern« ein für Sie passendes Angebot suchen. Die Anzeigen verbleiben üblicherweise vier Wochen im Netz. Trotzdem auch hier immer auf die Aktualität achten!

---

**Jobbörsen im Internet**

**Allgemeine Jobbörsen**
- www.arbeitsagentur.de
- www.cesar.de
- www.jobpilot.de
- www.jobrobot.de
- www.jobs.de
- www.jobware.de
- www.monster.de
- www.stellenangebote.de
- www.stellenanzeigen.de
- www.stepstone.de

**Jobbörsen für Auszubildende**
- www.aubi-plus.de
- www.ihk-lehrstellenboerse.de

**Jobbörsen für Fach- und Führungskräfte**
- www.experteer.de
- www.jobware.de
- www.stellenmarkt.de

**Zeitarbeitsfirmen**
- www.adecco.de
- www.manpower.de
- www.randstad.de

Viele dieser Jobbörsen bieten den Bewerbern gegen eine Gebühr an, ihre Lebensläufe aufzunehmen, sodass Arbeitgeber in Ruhe die Profile der einzelnen Bewerber studieren können.

## 5. Erstellung und Präsentation eines beruflichen Profils auf speziellen Business-Kontaktbörsen

Business-Kontaktbörsen bieten Ihnen die Möglichkeit, Ihr berufliches Profil im Internet zu präsentieren und gleichzeitig mögliche neue Arbeitgeber oder Firmenvertreter direkt anzusprechen. Diese können sich umgehend Ihren beruflichen Werdegang ansehen und bei Bedarf umfangreichere Bewerbungsunterlagen anfordern.

Der Unterschied zu einer »normalen« Jobbörse liegt in der Sichtbarkeit der Teilnehmerprofile für alle Mitglieder – jeder kann jedes vorhandene Profil aufsuchen und bei Interesse eine Nachricht hinterlassen.

Business-Kontaktbörsen sind eine moderne Form der unkomplizierten Ansprache und des Austausches von untereinander unbekannten Personen. Bisweilen ist die Möglichkeit der Kontaktaufnahme mit einer kostenpflichtigen Mitgliedschaft verbunden.

In Deutschland gibt es seit 2003 mit XING eine sehr große offene Business-Kontaktbörse, in der Vertreter aus allen Branchen zu finden sind. Mehr als neun Millionen Menschen sind dort registriert, bei LinkedIn sind es weltweit etwa 433 Millionen. Hochrangige Bewerber bevorzugen hingegen exklusive Kontaktbörsen, für die es Zugangsbeschränkungen (Alter, Position, Gehalt, Mitgliedschaft nur auf Empfehlung etc.) gibt.

---

**Offene Business-Kontaktbörsen**
- www.xing.com
- www.linkedin.com
- www.viadeo.com

**Geschlossene Business-Kontaktbörse**
- www.manager-lounge.com

---

**Aufgeben ist keine Alternative**

*Nach der 25. Absage war ich am Boden zerstört. Bis dato hatte ich immer relativ sorgfältig ausgewählt, wo ich mich bewerbe. Grundlage waren die Angebote in den großen IT-Stellenbörsen. Vielleicht auch deshalb waren seit Start meiner Aktivitäten bereits sieben Monate ins Land gegangen. Aber neben meinem täglichen Job auch noch das neue Bewerbungsvorhaben voranzubringen war nicht leicht. Das Ergebnis: Nichts außer einigen zurückgesendeten Unterlagen (die meisten machen nicht einmal das) hatte ich in der Hand. Das durfte so nicht weitergehen. Ich recherchierte, welche Unternehmen im Umkreis von bis zu 200 Kilometern mit der Bahn einigermaßen gut zu erreichen waren, und informierte mich, welche davon zu meinem Profil passten. Ich filterte fünf heraus, die ich in eine Rangfolge brachte. Mit dem am wenigsten interessant erscheinenden Unternehmen beschäftigte ich mich zuerst. Ich forschte in der Fachpresse, erkundigte mich bei offiziellen Institutionen, trug einfach alles zusammen, was ich herausfinden konnte, involvierte Dritte, die wiederum andere befragten. So konnte ich einiges vorbereiten, oftmals sogar einen konkreten Ansprechpartner identifizieren, um dann gezielt per Mail und Telefon zu starten. Es klappte nicht beim ersten Mal, aber doch schon beim dritten ...*

## 6. Kontaktaufnahme zu potenziellen Arbeitgebern sowie deren (auch ehemaligen) Mitarbeitern und Kunden

Sie können zu einer großen Anzahl von Informationsgebern über das Internet Kontakt aufnehmen und dadurch Ihr Wissen und Ihre Einschätzung enorm erweitern und fundieren. Das gibt Ihnen neue Möglichkeiten, sich auf Ihr Vorhaben wirklich bestens vorzubereiten, einen gut durchdachten Plan zu erstellen und vielleicht auch Unterstützer zu mobilisieren.

# SO MACHEN SIE WERBUNG IN EIGENER SACHE

Marketing, so unsere Erfahrung, wird nur von den wenigsten Bewerbern betrieben, da hierfür oft das Bewusstsein fehlt. Dabei ist es für Ihren Erfolg wichtig, dass Sie sich und Ihr Können so positiv wie möglich darstellen und überlegen, wo genau dies, Ihr Können und Ihre Persönlichkeit, gebraucht werden. Nichts anderes meinen wir hier mit Marketing.

Viele Menschen glauben, die eigentliche Leistung einer Initiativbewerbung sei: aktiv zu sein, von sich aus an ein Unternehmen heranzutreten, nach einem Arbeitsplatz zu fragen und ggf. beeindruckende Bewerbungsunterlagen zu verschicken.

Aber das ist ein Irrglaube. Der eigentliche Schlüssel ist nicht etwa die eigenverantwortliche Kontaktaufnahme oder die Konzeption der Unterlagen. Die eigentliche Grundlage und damit die stabile Ausgangsposition ist das Bewusstsein über die eigenen Fähigkeiten, die von besonderem Nutzen für den zukünftigen Arbeitgeber sind. Oder im Marketingjargon: Was können Sie als »Verkäufer« Ihrer Arbeitskraft Ihrem »Kunden« – dem Arbeitgeber – als besondere Dienstleistung anbieten?

Dazu sollten Sie wissen, wie sich die Problemlage bei Ihrem Kunden darstellt, was Sie wollen und wie Sie es durchsetzen können. Wie jeder Mensch haben Sie bestimmte Fähigkeiten, Eigenschaften, Interessen, Neigungen und auch Wünsche. Denken Sie darüber nach; setzen Sie sich intensiv mit sich selbst auseinander.

**Bestimmt kommt Ihnen das bekannt vor:** Man bewirbt sich um einen Arbeitsplatz und kommt sich dabei vor wie ein eifriger Bittsteller. Man versucht, einen möglichen Arbeitgeber davon zu überzeugen, der richtige Kandidat für eine bestimmte Position zu sein.

Befreien Sie sich von dem Gefühl, ein Bittsteller zu sein! Erarbeiten Sie sich ein neues (Selbst-)Bewusstsein! Sie sind ein dringend gebrauchter und gesuchter Problemlöser!

Ein klares Ziel, das ist es, was Sie brauchen. Mit solch einem Ziel vor Augen wissen Sie besser, wo es ganz speziell für Sie »langgehen« soll. Je sorgfältiger Sie Ihr Vorgehen planen, desto wahrscheinlicher wird Ihr beruflicher Erfolg.

Sie haben ja hoffentlich bereits für sich die folgenden Fragen (von Seite 18) beantwortet:
1. Was für ein Mensch bin ich?
2. Was kann ich?
3. Was will ich?

Diese Fragen klingen zunächst einfach, darauf jedoch Antworten zu finden, ist gar nicht so leicht.

Je genauer Sie sich aber selbst kennen, umso besser können Sie Ihrem zukünftigen Arbeitgeber auch überzeugend mitteilen, warum gerade Sie besonders gut für die zu besetzende Stelle geeignet sind.

So finden Sie über sich heraus, was auch ein Personalchef gerne über Sie erfahren möchte. Damit sind nicht nur berufliche Kenntnisse und Fähigkeiten gemeint, sondern auch persönliche Eigenschaften oder Schlüsselqualifikationen wie z. B. Kontakt-, Kommunikations- und Teamfähigkeit:

- Sind Sie kontaktfreudig?
- Können Sie gut mit anderen zusammenarbeiten?
- Verfügen Sie über Einfühlungsvermögen?
- Haben Sie viele neue Ideen?
- Sind sie zuverlässig?
- Lösen Sie gerne knifflige Probleme? Usw. usw.

Schon beim Schreiben Ihrer Bewerbungsunterlagen können Sie einige Ihrer wichtigsten Eigenschaften zum Ausdruck bringen. Damit erhöhen Sie Ihre Chancen, zu einem Vorstellungsgespräch eingeladen zu werden.

## Die AIDA-Erfolgsformel

Sie bewerben sich, betreiben also Werbung in eigener Sache. Da liegt es nahe, dass Sie sich anschauen, welche Grundlagen die Werbung benutzt, um ihre Produkte oder Dienstleistungen an den Mann/die Frau zu bringen.

Denken Sie daran: Immer geht es um den ersten Eindruck, den Sie hinterlassen wollen. Und der muss überzeugen. In der Werbepsychologie gibt es eine Grundformel, die beschreibt, wie Wirkung erzielt werden kann: die AIDA-Formel.

**A** = Attention (Aufmerksamkeit erzeugen)
**I** = Interest (Interesse wecken)
**D** = Desire (Wunsch auslösen, Sie im Vorstellungsgespräch kennenzulernen)
**A** = Action (die Handlungsaktivität »Einladen« provozieren)

Machen Sie sich dieses Handlungsmuster bei allen Ihren Bewerbungsschritten zu eigen.

## Exkurs: Davon träumen Arbeitgeber

Wenn Sie sich anderen verständlich machen wollen, ist es sinnvoll, dass Sie auch verstehen, welche Anliegen, welche Wünsche und Vorstellungen Ihr Gegenüber hat.

Versetzen Sie sich in die Lage eines potenziellen Arbeitgebers und Sie werden es leichter haben, Ihr eigenes Anliegen erfolgreich durchzusetzen.

Wichtige Fragen bei der Vorbereitung auf eine Bewerbung sind deshalb:

- Worauf achten Arbeitgeber bei der Auswahl neuer Arbeitskräfte?
- Welche persönlichen und beruflichen Anforderungen stellt der Arbeitgeber an seine Angestellten?
- Wovon träumen Arbeitgeber?

Arbeitgebern reicht es nicht, dass Sie bestimmte Fähigkeiten besitzen. Sie wollen auch wissen, wie Sie diese anwenden. Arbeitgeber brauchen Angestellte, die Ergebnisse produzieren: Gewinne, Sicherheit, Kostensenkung, verbesserte Organisation, neue Lösungen. Sie sollten Ihrem Arbeitgeber durch Zielstrebigkeit und Kenntnisse über sein Arbeitsfeld zeigen, was er in Zukunft von Ihnen erwarten kann.

Arbeitgeber legen bei der Auswahl ihrer Mitarbeiter Wert darauf, dass sie sympathisch und kompetent sind und sich besonders engagieren (Stichwort: Leistungsmotivation).

### So suchen Arbeitgeber ihre Mitarbeiter aus

Es gibt also durchaus eine Hierarchie der Methoden, mit denen Arbeitgeber vorzugsweise freie Stellen besetzen. Oben steht das beliebteste Verfahren, auf die letzte Möglichkeit wird nur ungern zurückgegriffen.

Ich möchte jemanden einstellen (,) …

- dessen Arbeitsweise ich kenne (Beförderung eines Angestellten innerhalb des Betriebs; Festanstellung eines bisher freien Mitarbeiters).
- der in mein Büro kommt und mir Arbeitsproben zeigt.
- der mir von einem guten Freund empfohlen wird.
- daher beauftrage ich einen »Headhunter«, um herausragende, nachweislich erfolgreiche Kandidaten zu finden, die zurzeit für andere Unternehmen arbeiten.
- für eine einfache Position, der vorab von anderen für mich »durchleuchtet« worden ist (entweder von einer privaten Arbeitsvermittlung oder der eigenen Personalabteilung).

**Wo werden Problemlöser mit Ihren Kenntnissen gesucht?**
Wenn Sie so an Ihr Initiativbewerbungsvorhaben herangehen, werden Sie viel schneller Erfolg haben.

- und werde mir Bewerbungsunterlagen anschauen, die unaufgefordert eingegangen sind.
- und suche jemanden über eine Stellenanzeige in einer Zeitung und/oder im Internet.

### Diese Fragen stellen sich Arbeitgeber

1. Verfügt der Bewerber über die erforderlichen generellen wie fachlichen Qualifikationsmerkmale (Ausbildung/Berufserfahrung/Know-how)?
2. Was bewegt den Bewerber? Was sind seine Motive für Arbeitsplatz- und Aufgabenwahl, und ist er motiviert, Außerordentliches zur Verwirklichung von Unternehmens- bzw. Institutionszielen beizutragen?
3. Mobilisiert der Bewerber Sympathiegefühle, kann man sich mit ihm »wohlfühlen«, ihm vertrauen, und passt er zum Team, zum Unternehmen (bzw. zur Institution)? Kurz: Stimmt die persönliche »Chemie«, hat er die richtige Persönlichkeit?

(Siehe auch Seite 122: Auf den Punkt gebracht …)

Während Sympathie (wie auch Antipathie) bei einer ersten Begegnung sofort spontan emotional spürbar ist, wird über die Schlüsselmerkmale Leistungsmotivation und Kompetenz erst im Verlauf einer Begegnung geurteilt, da es sich um Merkmale handelt, die sich nicht direkt mitteilen. Und dennoch: Auch bei der Einschätzung Ihrer Leistung und Ihres Könnens ist Sympathie die Grundlage, aus der dann Vertrauen entsteht. Darauf kann das Zutrauen aufsetzen: Ihr Gegenüber traut Ihnen zu, dass Sie die Aufgaben, um die es geht, lösen werden.

Leistungsmotivation und Kompetenz offenbaren sich nicht so schnell wie das zentrale, auf die Persönlichkeit bezogene und auch durch unbewusste Faktoren mitgesteuerte Sympathiegefühl. Aus Bewerbersicht muss es daher Ziel sein, die drei Weichensteller Kompetenz, Leistungsmotivation und Persönlichkeit (KLP) während des gesamten Bewerbungsverfahrens als Signale so »auszusenden«, dass sie beim Arbeitgeber »ankommen«.

# IHR ÜBERZEUGENDES STELLENGESUCH

Ein eigenes Stellengesuch aufzugeben ist die kürzeste Form der Initiativbewerbung. Anders als bei dem üblichen Vorgehen – Stellenangebot lesen und Bewerbungsunterlagen verschicken oder Online-Formular ausfüllen – treten Sie hier als Jobsucher unaufgefordert in Aktion.

Wer aktiv wird und selbst ein Stellengesuch in die Zeitung oder ins Internet setzt, signalisiert vorab bereits Leistungsbereitschaft und Motivation. Umso mehr überrascht es, dass die meisten Stellengesuche eintönig, geradezu langweilig und wenig aussagekräftig formuliert und austauschbar sind. Die Folge: Die Anzeige löst bei den meisten Personalentscheidern eher ein Achselzucken aus als den Wunsch, mit dem Stellensucher Kontakt aufzunehmen.

Wir zeigen Ihnen, wie Sie sich auf wenigen Zentimetern Platz wirkungsvoll präsentieren können.

Bestimmt haben Sie nicht ausgerechnet eine Position als graue Maus ins Auge gefasst. Deshalb sollte Ihr Stellengesuch zwei Bedingungen erfüllen:

1. Die Überschrift/der Start muss den Leser beim Überfliegen bereits anziehen, fesseln und neugierig machen.
2. Der gesamte Text muss eine hohe Zahl von relevanten Informationen transportieren und damit den Leser für Sie gewinnen.

Schön und gut, werden Sie jetzt sagen, aber: Wie geht das?

## Das Prinzip »Werbespot«

Studieren Sie zu Ihrer Anregung einmal die entsprechenden Rubriken in Tages- und Wochenzeitungen sowie Fachzeitschriften, aber auch das Internet mit seinen Stellenmärkten. Hier gilt das Prinzip »Werbespot«. Ausgangspunkt und Basis der Gestaltung eines erfolgreichen Stellengesuchs sind die Fragen, auf die Sie sich selbst in der Vorbereitung schon Antworten gegeben haben.

- Wer bin ich? Was kann ich? Was will ich?
- Aber auch: Was biete ich im Sinne von Kompetenz, Leistungsmotivation und Persönlichkeit (KLP) an?
- Und wie texte ich das unter Berücksichtigung der AIDA-Formel und der Orientierung: Kommunikationsziel, Botschaft, Argumentation (siehe Seite 41)?

Nun sollten Sie kurz und prägnant dazu Auskunft geben.

## So entwerfen Sie ein wirkungsvolles Stellengesuch für Internet und Printmedien

Wer jetzt bereits Papier und Stift zur Hand genommen hat und auf die ersten Formulierungshilfen wartet, wird enttäuscht sein. Auch das Formulieren eines Stellengesuchs muss gründlich vorbereitet werden.

### Schritt 1: Suchen Sie ein geeignetes Medium

Generell sind als Medien für Ihre Anzeige vorstellbar: Die Job-Portale im Internet, Zeitungen und (Fach-) Zeitschriften und Online-Netzwerke wie XING oder LinkedIn (bei letzteren entspricht das Profil unter Umständen einem Stellengesuch). Der erste Schritt ist die Suche nach einem geeigneten Medium für Ihre Anzeige. Etwas vereinfacht gesagt gilt: Volks- und Betriebswirte, die sich überregional bewerben, wählen das *Handelsblatt* oder die *Financial Times Deutschland*, Ingenieure die *VDI-Nachrichten*, Mediziner und Geisteswissenschaftler *Die Zeit*. Wer sich nur lokal umsehen möchte, ist (vor allem in den Wochenendausgaben) in einer der großen regionalen Zeitungen gut aufgehoben: *Berliner Morgenpost, Kölner Stadtanzeiger, Stuttgarter Zeitung, Hannoversche Allgemeine, Leipziger Volkszeitung* usw. Außerdem ist für den gesamten süddeutschen Raum die *Süddeutsche Zeitung* zuständig. Denken Sie aber auch an die Wochenendausgaben der führenden überregionalen Tageszeitungen: *Frankfurter Allgemeine Zeitung, Die Welt* und *Frankfurter Rundschau*.

Auf eine ganz bestimmte Branche festgelegte Kandidaten inserieren am besten in einem speziellen Fachmagazin, da dort die »Streuverluste« geringer ausfallen. In der Werbebranche beispielsweise gilt *Werben & Verkaufen* als Pflichtlektüre (siehe auch *stellenmarkt.wuv.de*), für Rechtsanwälte die *Neue Juristische Wochenschrift*. Wenn Sie nicht wissen, welches Fachmedium geeignet ist, erkundigen Sie sich bei einem Fachmann oder einer Fachfrau aus der Branche, oder sehen Sie sich in einer Bibliothek um.

Auch bei Job-Portalen im Internet gibt es große, überregionale für alle Jobs (z. B. das von der Bundesagentur für Arbeit) und welche für spezielle Regionen oder Berufsgruppen.

## Schritt 2: Nehmen Sie Stellengesuche wie -angebote im ausgewählten Medium gründlich unter die Lupe und lernen Sie aus diesen

Zunächst einmal gilt es, zu recherchieren, wer von der Seite der Arbeitsplatzanbieter auf klassische Weise per Anzeige gesucht wird. Aus den darin sichtbar werdenden Anforderungsprofilen lässt sich für Ihr Vorhaben viel lernen.

Dann untersuchen Sie sorgfältig das Umfeld für Ihr künftiges Stellengesuch. Dazu schauen Sie sich auch die Anzeigen anderer Jobsuchender genau an. Beurteilen Sie die einzelnen Stellengesuche nach folgenden Kriterien:

- Was gefällt Ihnen spontan an der Anzeige? Was nicht?
- Wird klar gesagt, was der Jobsucher zu bieten hat und was seine wichtigsten Qualifikationen sind?
- Geht aus dem Text eindeutig hervor, was der Inserent sucht?
- Werden Allgemeinplätze und Selbstverständlichkeiten vermieden?
- Ist die Anzeige insgesamt wirklich aussagekräftig?
- Würden Sie sich als Personalchef angesprochen fühlen?

Wenn Sie diese Fragen für jede der Anzeigen kurz beantworten, haben Sie schon eine Menge über Stellengesuche (sowohl für Print- als auch für Online-Medien) gelernt. Außerdem finden Sie auf diese Weise heraus, welche Fehler Sie bei Ihrer Anzeige vermeiden müssen, um sich positiv von Mitbewerbern abzuheben.

## Schritt 3: Formulieren Sie einen Text mit konzentriertem Informationsgehalt

Bevor Sie mit dem Texten beginnen, sollten Sie die folgenden drei Fragen beantworten:

- Was ist Ihr Kommunikationsziel?
- Welche Botschaften wollen Sie vermitteln?
- Mit welchen Argumenten möchten Sie überzeugen?

Den Königsweg der Formulierung gibt es natürlich nicht. Ihr Text sollte Ihrem Angebot und Ihrem Zielobjekt angemessen erscheinen. Er muss gleichzeitig »wahr« und hoch informativ sein. Ihr Stellengesuch wird man ähnlich wie ein Arbeitszeugnis lesen: sehr gründlich und zwischen den Zeilen. Beispiel: Wer lediglich angibt, Volkswirtschaft studiert zu haben, läuft Gefahr, für einen Studienabbrecher gehalten zu werden. Die korrekte Formulierung heißt: *Diplom-Volkswirt* oder *M. Sc. in Volkswirtschaftslehre*.

Ihr Text sollte enthalten:

- Ihre wichtigsten fachlichen Qualifikationen
- Ihre beruflichen Schwerpunkte
- Ihre Erfolge
- eine präzise Angabe, was Sie suchen
- Ihr Alter und Geschlecht
- eine Angabe zu Ihrer Mobilität

Geben Sie an, ob Sie sich in ungekündigter Stellung befinden oder warum Sie sich verändern möchten.

Der Dreierschritt bei der Planung mit Kommunikationsziel, Botschaften und Argumenten ist ein hilfreicher Leitfaden aus der Werbepsychologie mit ihrer klassischen AIDA-Formel – *attention, interest, desire, action = Aufmerksamkeit, Interesse, Nachfrage wecken und den Handlungsimpuls »Kontaktaufnahme« auslösen* (siehe Seite 38).

Für alle Formulierungen gilt: Schreiben Sie immer klar und verständlich, und wiederholen Sie nicht im Text, was bereits in der Überschrift steht.

Erwähnen Sie nichts, was ohnehin vorausgesetzt wird, wie »zuverlässig«, »pünktlich« oder »korrekt«. Sprechen Sie nicht von »neuen Wirkungskreisen« oder von »interessanten Aufgaben«. Niemand kann sich unter solchen abgedroschenen Phrasen etwas vorstellen.

Alle Aussagen in Ihrem Stellengesuch müssen möglichst spezifisch und präzise sein.

Machen Sie eine klare Angabe zu der Position, die Sie suchen – auch wenn Sie für verschiedene Angebote offen sind. Wer nicht genau weiß, was er eigentlich sucht, wird von den meisten Personalentscheidern nicht ernst genommen. Überlassen Sie es den Lesern, Ihnen möglicherweise auch ein Angebot zu machen, das etwas von Ihrem Beruf abweicht.

## Schritt 4: Formulieren Sie eine prägnante Überschrift oder einen besonderen Einstieg in Ihren Text

Die Überschrift ist der prominenteste Ort Ihrer Anzeige. Denken Sie daher bei der Formulierung nicht so sehr daran, was Sie suchen, sondern welche Qualifikationen Sie anbieten. Nur wenn die Überschrift das Interesse eines Arbeitgebers weckt, wird er den übrigen Text überhaupt lesen. Gehen Sie also mit Ihren neu gewonnenen Erkenntnissen aus den Schritten 2 und 3 an die Formulierung Ihrer persönlichen »Werbebotschaft«. Da Sie sich von der breiten Masse abheben wollen, müssen Sie spezifisch formulieren, zum Beispiel:

- **Sekretärin**
  Schwerpunkt Büro-Organisation

- **Grafikdesigner / Layouter**
  langjährige Erfahrungen im Buchsatz

- **Soziologin**
  mit Praktika im Personalwesen

- **Vertriebsfachmann**
  Anlagen- und Maschinenbau,
  Auslandserfahrung (Fernost)

- **Elektriker**
  Steuerungs- und Sicherheitstechnik

- **Marketing-Berater (Dipl.)**
  Schwerpunkt Automobilbranche

- **Betriebswirtin, 30 J.**
  mit Banklehre

Wie Sie sehen, muss es in der Überschrift gelingen, sich von anderen Inserenten abzusetzen, damit der Leser genau bei Ihrer Anzeige »hängen bleibt«. Aber bitte keine unseriösen Übertreibungen, wie *Super-Nachwuchsmanager* oder *Vollprofi*. Wenn Sie mit solchen und anderen wichtigtuerischen Formulierungen werben, nimmt Sie niemand ernst.

Stöbern Sie stattdessen in Ihrem »Erfahrungshaushalt«, und fördern Sie etwas zutage, das für Ihren potenziellen Arbeitgeber von Bedeutung ist. Falls Sie Berufsanfänger sind, werden Sie naturgemäß noch nicht über umfangreiche Erfahrungen verfügen. In dem Fall müssen Sie auf Praktika oder nebenberufliche Tätigkeiten zurückgreifen. Wer an einer besonders renommierten Uni einen überdurchschnittlich guten Abschluss gemacht hat, darf auch damit punkten, z.B.: *LMU München, M. Sc. BWL, Note sehr gut*. Machen Sie durch zusätzliche Qualifikationen auf sich aufmerksam – z.B. Sprachkenntnisse oder Auslandsaufenthalte.

In jedem Fall muss die Überschrift grafisch vom Rest abgesetzt sein (Fettdruck / größerer Schriftgrad). Am eigenen PC kann man leicht verschiedene grafische Möglichkeiten ausprobieren, um deren Wirkung zu testen.

### Vermeiden Sie Abkürzungen

Die allgemein üblichen können Sie natürlich benutzen: *w.* für weiblich, *m.* für männlich (falls das Geschlecht nicht schon aus der Überschrift hervorgeht), *J.* für Jahre bei der Altersangabe, *Dipl.* für Diplom und *M. Sc.* für Master of Science usw. Andere Abkürzungen machen den Text schlecht lesbar und unverständlich.

### Vermeiden Sie den Ausdruck »arbeitslos« in Ihrem Stellengesuch

Eigentlich ist es ja heute selbstverständlich, dass Arbeitslosigkeit kein Hinweis auf mangelnde Qualifikation oder fehlende Leistungsbereitschaft ist. Trotzdem sollten Sie den Ausdruck »arbeitslos« in Ihrem Stellengesuch vermeiden. Wenn man Sie bei der Kontaktaufnahme danach fragt, geben Sie an, dass Sie sich weiterbilden, freiberuflich tätig sind oder Ähnliches. Ebenso sind Angaben wie »suche dringend« oder »zum baldmöglichsten Termin« zu vermeiden. Sie wollen doch nicht von vornherein Probleme bei der Arbeitsplatzsuche signalisieren.

### Schritt 5: Versetzen Sie sich in die Lage eines Personalleiters, der die Stellengesuche überfliegt

Nehmen Sie nun noch einmal die Perspektive Ihrer Zielgruppe ein (Chefs, Personalverantwortliche, Abteilungsleiter). Dieser Personenkreis hat kaum Zeit und wenig Geduld, sich mit nichtssagenden Stellengesuchen auseinanderzusetzen. Wenn der Leser ausgerechnet an Ihrer Anzeige hängen bleiben soll, dann müssen Sie bei der Formulierung von Überschrift und Text diese anspruchsvolle Zielgruppe genau im Auge behalten. Prüfen Sie immer wieder: Wird meine Wortwahl einen Personalentscheider dazu bringen, mit mir Kontakt aufzunehmen?

### Schritt 6: Zum Schluss

Viele Stellengesuche werden unter Chiffre aufgesetzt, um die Anonymität zu wahren (z.B. wegen noch bestehender Arbeitsverträge). Vielleicht ist das in Ihrem Fall gar nicht notwendig. Prüfen Sie das kritisch, und geben Sie ggf. Ihre Adresse an (inklusive Telefonnummer und E-Mail-Adresse). Denken Sie daran: Sie müssen es dem Personalleiter so leicht und angenehm wie möglich machen, sich mit Ihnen in Verbindung zu setzen. Wenn der Personalchef spontan entscheidet, dass sich eine Kontaktaufnahme lohnt, wird er eher zum Telefon greifen oder eine E-Mail versenden, als Ihnen in den nächsten Tagen unter Chiffre eine Nachricht zukommen zu lassen.

## Die äußeren Bedingungen

Nicht nur der Inhalt, sondern auch Zeitpunkt, Medium, Platzierung und Größe Ihres Stellengesuchs sind wichtige Faktoren, die bedacht werden müssen.

### Wann? – Der Zeitpunkt

Neben dem gut formulierten Text kommt es bei Stellengesuchen auf den richtigen Zeitpunkt an –

einmal von Ihnen aus betrachtet (also nicht gerade, bevor Sie für sechs Wochen in Urlaub fahren) sowie aus der Sicht des potenziellen Arbeitgebers (im April sollten Sie sich nicht als »Weihnachtsmann« bewerben, aber im November käme Ihr Stellengesuch schon fast zu spät).

## Wo? – Das Medium

Natürlich spielt auch die Auswahl des richtigen Mediums für Ihr Stellengesuch eine wichtige Rolle. Wenn Sie als Archäologe Ihren Wohnort Düsseldorf nicht verlassen wollen, sollten Sie nicht ausgerechnet im *Hamburger Abendblatt* inserieren.

## Wie? – Größe und Gestaltung

Ein zu kleines Stellengesuch signalisiert ebenso wie ein zu großes: Hier ist etwas nicht in Ordnung! Der Inserent unter- oder überschätzt sich! Wenn Sie sich ausführlich mit den Stellengesuchen der anderen Inserenten befasst haben, können Sie inzwischen einschätzen, welche Größe für Sie infrage kommt.

Eine Verkäuferin, die mit einer Viertelseite für sich wirbt, würde nicht nur viel Geld investieren (ab 3.000 Euro aufwärts), sondern auch Befremden auslösen. Dagegen dürfte ein Manager, der ein Jahresgehalt von 60.000 Euro und mehr anstrebt, mit einer einspaltigen 20-mm-Kleinanzeige im Lokalanzeiger (für weniger als 200 Euro) allenfalls einen Heiterkeitserfolg ernten.

Am wichtigsten ist eine gute Schlagzeile, für die Sie etwa den Raum von zwei Zeilen einrechnen sollten. Ein Rahmen kann optisch sinnvoll sein, darf aber die Anzeige auf keinen Fall gedrängt aussehen lassen.

Besprechen Sie mit der Anzeigenredaktion, welche zusätzlichen grafischen Gestaltungsmöglichkeiten zur Verfügung stehen. Ein doppelter Rahmen, ein fetter rechter Seitenrand, ein Hintergrundbild sind wirkungsvolle optische »Hingucker« (siehe Beispiele auf Seite 44).

## Kosten

Als Faustregel gilt: in einer überregionalen Zeitung etwa 2 Prozent Ihres anvisierten Jahresgehalts, regional etwas mehr als 0,5 bis 1 Prozent.

Bei Fragen zu Zeitpunkt und Kosten der Anzeige können Sie sich telefonisch oder über das Internet an die Anzeigenberater der Zeitungen wenden und so Preise und Konditionen vergleichen. Viele große Zeitungen bieten auch die Möglichkeit an, dass Sie Ihre Anzeige per Internet selbst gestalten und aufgeben.

## Und zum Schluss

Ein eigenes Stellengesuch lässt sich nicht in zwanzig Minuten texten. Planen Sie lieber einen ganzen Nachmittag dafür ein. Lassen Sie den Entwurf über Nacht liegen, und sehen Sie ihn am nächsten Morgen noch einmal in Ruhe an. Hält er Ihrem kritischen Blick immer noch stand? Legen Sie Ihre Anzeige auch zusätzlich einer von Ihnen ausgewählten »Personalkommission« zur Beurteilung vor.

Wenn Ihnen diese Prozedur zu anstrengend ist, können Sie sich auch an einen professionellen Karriereberater oder an die Arbeitsagentur wenden. Hier stehen Ihnen erfahrene Fachkräfte mit Rat und Tat zur Seite.

Sobald Ihre Anzeige erscheint, müssen Ihre Bewerbungsunterlagen (Lebenslauf, Zeugniskopien etc.) fertig sein. Nur so können Sie auf die hoffentlich zahlreich eingehenden Angebote schnell reagieren.

---

### ✪ Checkliste: Stellengesuch

O Suchen Sie ein geeignetes Medium.

O Nehmen Sie die Stellengesuche und -angebote im ausgewählten Medium gründlich unter die Lupe.

O Formulieren Sie einen Text mit dichtem Informationsgehalt.

O Finden Sie eine packende Überschrift – eine überzeugende Werbebotschaft.

O Versetzen Sie sich in die Lage eines Personalleiters, der Stellengesuche meist nur überfliegt.

O Haben Sie Geduld. Bis zu drei Versuche sollten Sie sich schon gönnen.

---

## Bitte nicht so! – Nicht gelungene Beispiele

Zu viele Abkürzungen und auch inhaltlich wenig ansprechende Informationen

An sich gar nicht so schlecht – bis auf die Formulierung »… echt zufriedenstellende …«

**Stellengesuche – Negativbeispiele und Kommentare**

## Beispiele guter Stellengesuche

Hinweis: »Kontaktangaben« steht in den hier aufgeführten Anzeigenbeispielen für die Telefonnummer, E-Mail-oder Chiffreadresse.

---

**Parkettleger,** 42 J., **Betriebswirt des Handwerks, Verkaufsleiter, öffentl. bestellter u. vereidigter Sachverständiger, langjährige Objekterfahrung,** sucht kaufmännisch-technische Tätigkeit, Akquise, Beratung, Planung und Abwicklung.
Kontaktangaben

Grafisch gut gestaltete Anzeige, die sofort auffällt und inhaltlich den Kandidaten angemessen interessant – er hat wirklich viel zu bieten! – vermittelt.

---

### Dipl.-Soziologe (37 J) und freier Mitarbeiter im Hörfunk

hat zahlreiche politische Reportagen veröffentlicht, Schwerpunkt Innen- und Sicherheitspolitik, sucht Anstellung im Verlag mit politischem/soziologischem/historischem Programm, Englisch und Spanisch fließend. Kontaktangaben

Hier versucht der Inserent, durch seine Mitarbeit im Hörfunk Interesse bei ähnlichen Arbeitgebern zu wecken. Auch so kann es funktionieren …

---

### Leiterin einer Großküche

36 J., gelernte Diätassistentin, seit 2 Jahren Leitung einer Großküche (Budgetkontrolle, Koordinierung Einkauf, Kalkulation, Personalführung, Erstellung des gastronomischen Angebots) sucht gleichwertige Tätigkeit im Raum München.
Kontaktangaben

Aussagekräftige Anzeige mit guter Auflistung der einzelnen Arbeitsbereiche!

---

### Pädagoge mit Praktika im Personalwesen

zweier großer Unternehmen (über 10.000 Mitarbeiter), 26 J., Schwerpunkt Weiterbildungsplanung, möchte Einstiegsposition im Personalwesen übernehmen. Französisch und Arabisch fließend, In- und Ausland.

Kontaktangaben

Außergewöhnliche Gestaltung durch Rechtsbündigkeit. Fällt schnell ins Auge! Klare Ansagen!

---

### Heilerziehungspflegerin (Integrationspädagogik)

35 J., Ausbildung als Krankenpflegehelferin, langjährige Erfahrung im Bereich Förderschule, Tagesfördergruppen und Grundschule, sucht Tätigkeit in betreuter Werkstatt, Wohnheim oder Kinderheim, bevorzugt in Süddeutschland. Kontaktangaben

Gut getextete und layoutete Anzeige mit ordentlichem Informationsgehalt.

---

Ich kann nachweislich

# Biotechnik

Vertriebsprofi, Marketing-Spezialist, Dipl.-Ing. (39) sucht neue Aufgaben im Bereich Geschäftsführung, Niederlassungsleitung oder Profit-Center, vorzugsweise im Raum 53000, Kontaktangaben

erfolgreich vermarkten

Der Inserent kann sich durch das Hervorheben seiner Stärken und seines Spezialgebietes optimal präsentieren. Auch der ungewöhnliche Aufbau sorgt für Aufmerksamkeit.

# RICHTIG VERBUNDEN – IHRE BEWERBUNG PER TELEFON

Wenn Sie Ihren Wunscharbeitsplatz schnell bekommen wollen, müssen Sie lernen, Ihre Ziele am Telefon durchzusetzen. Die meisten Bewerber verlassen sich ausschließlich darauf, dass ihre schriftlichen Dokumente für sie sprechen. Aber gerade in der heutigen Zeit ist das nicht ausreichend.

Obwohl Informationen eigentlich am schnellsten und leichtesten über das Telefon weiterzugeben sind, haben viele Bewerber erstaunliche Hemmungen, ihre potenziellen Arbeitgeber anzurufen. Viele fürchten, nicht die richtigen Worte zu finden oder einen schlechten Eindruck zu hinterlassen. Dabei liegen die Vorteile eines Telefonats klar auf der Hand: Durch einen Anruf kann man sich bereits in der allerersten Bewerbungsphase positiv von anderen Kandidaten abheben, noch bevor die Bewerbungsunterlagen bewertet werden. Die meisten Unternehmen suchen kontaktfreudige und kommunikative Mitarbeiter. Ein gut vorbereitetes Telefongespräch ist die beste Möglichkeit, die eigene Kommunikationsfähigkeit (Stichwort: soziale Kompetenz) unter Beweis zu stellen. Hier können Sie als Kandidat Interesse wecken und einen ersten positiven Eindruck hinterlassen (»Na, der/die klang aber sympathisch!«).

## Überlassen Sie nichts dem Zufall

In großen Unternehmen treffen häufig Bewerbungsunterlagen ein – Ihre Chancen, zu einem Vorstellungsgespräch eingeladen zu werden, steigen, wenn Sie sich vor oder kurz nach dem Versenden Ihrer Unterlagen telefonisch melden. Verbessern Sie Ihre Chancen, indem Sie erlernen, wie Sie erfolgreich telefonieren. Die richtige Taktik vorausgesetzt, können Sie beinahe jede Führungskraft oder jeden Personalentscheider telefonisch erreichen. Diese Fähigkeiten werden Ihnen natürlich nicht nur in der Bewerbungsphase, sondern während Ihrer gesamten Karriere helfen.

Wie man das Telefon am wirkungsvollsten für eigene Bewerbungszwecke nutzt, können wir hier natürlich nur schriftlich darstellen. Die praktische Erfahrung am und mit dem Telefon ersetzen kann das aber nicht – Sie müssen also üben.

## So nutzen Sie das Telefon

Das Telefon eignet sich hervorragend, um Ihre Initiativbewerbung voranzubringen. Sie können Informationen sammeln, Kontakt aufnehmen und halten.

## Informationen sammeln

Sie haben sich für die Bewerbung bei einem bestimmten Unternehmen entschieden. Nun geht es darum, möglichst viele Informationen über den Betrieb zu sammeln. Denn so können Sie sich als optimaler Problemlöser für genau diese Firma präsentieren. Beginnen Sie Ihre Recherche in der Telefonzentrale. Oft wird man Sie von dort in die Öffentlichkeitsabteilung weiterverbinden. Lassen Sie sich ein Profil, eine Pressemappe oder ähnliche Unterlagen zusenden. Bei großen Unternehmen gibt es außerdem Broschüren und Mitarbeiterzeitungen für einzelne Geschäftsbereiche (denken Sie in diesem Zusammenhang auch an die Recherchemöglichkeit, die das Internet bietet; vgl. Seite 35).

## Kontaktaufnahme

Bevor Sie Ihre Bewerbungsunterlagen einsenden, rufen Sie den Entscheidungsträger an. Dazu müssen Sie natürlich gut vorbereitet sein.

Wenn Sie sich telefonisch initiativ bewerben, sollten Sie als Erstes fragen, ob Ihr Gesprächspartner (auch Zielperson genannt) in diesem Augenblick gerade Zeit für Sie hat:

> *»Herr Thamm, da Ihr Unternehmen plant, die Fertigungsanlagen auszubauen, würde ich mich gerne als Vermessungstechniker bewerben. Haben Sie fünf Minuten Zeit für mich, oder passt es Ihnen besser, wenn ich Sie morgen Vormittag wieder anrufe, sagen wir, gegen zehn Uhr?«*

Schlagen Sie unbedingt eine konkrete alternative Anrufzeit vor, und verabreden Sie möglichst einen festen Termin:

> *»Gut, dann rufe ich Sie morgen um zehn Uhr noch einmal an. Ich freue mich, wenn Sie dann ein paar Minuten Zeit haben.«*

Nach einem Telefongespräch fällt es Ihnen auch leichter, den ersten Satz im Anschreiben an Ihren Gesprächspartner (siehe Seite 81 ff.) zu formulieren. Der kann dann ungefähr so lauten: »Vielen Dank für das informative Telefonat vom 1. August. Das Gespräch hat mich darin bestärkt, mich bei Ihnen um eine Stelle als Fachverkäuferin zu bewerben ...«

Auch wenn es Ihnen nicht gelingt, mit dem Entscheidungsträger/Geschäftsführer/Personalchef persönlich zu sprechen, und Sie (nur) mit seinem Referenten/seiner Referentin oder dem Assistenten/der Assistentin telefoniert haben, empfeh-

### Können Sie gleich?

*Ich hatte mich schon über eine Woche gequält, täglich bis zu sechs Stunden Recherche – erst bei mir selbst in der Erforschung meiner Potenziale, dann am Arbeitsmarkt –, daraufhin Unterlagen erstellt, mal so und mal ganz anders, um mich dann wieder möglichen Arbeitsaufgaben und Anbietern zu widmen. Dabei stieß ich auf viel wohlwollendes Interesse, jedoch leider immer zum falschen Zeitpunkt. Entweder hatte man gerade kurz zuvor neu besetzt oder musste erst mal ein paar faule Mitarbeiter loswerden, immer war es der falsche Moment. Ganz entnervt versuchte ich es jetzt verstärkt mit der Telefonakquise. Und nach einem halben Tag sah meine Ausbeute gar nicht schlecht aus. Zwei Termine mit Personalern waren ein durchaus beglückender Start. Aber dann am frühen Nachmittag desselben Tages bekam ich auf den immer besser klingenden Vortrag am Telefon eine erstaunliche Frage gestellt. Ob ich denn auch sofort vorbeikommen könnte, wollte mein Gesprächspartner wissen.*
*Und ob, keine Stunde später saß ich dem Personaler gegenüber, und wir verhandelten kurz darauf mein Einstiegssalär. Ich möchte mit meinem kleinen Bericht nur Mut machen, selbst wenn es Durststrecken zu überwinden gilt, jede nächste Aktivität kann das Go bedeuten ...*

PRAXISBEISPIEL

len wir Ihnen, im Einleitungssatz Ihres Bewerbungsanschreibens darauf hinzuweisen: »Nach einem Telefonat mit Ihrem Mitarbeiter, Herrn X/Ihrer Mitarbeiterin, Frau Y ...« Höchstwahrscheinlich wird sich der Adressat in einem solchen Fall bei Herrn X bzw. Frau Y über den Anrufer erkundigen, um sich den persönlichen Eindruck schildern zu lassen.

Es geht hier um Werbung in eigener Sache. Ziel dieser ersten telefonischen Kontaktaufnahme ist es, Interesse zu wecken und den Personalentscheider neugierig auf Ihre Bewerbungsunterlagen zu machen. Im besten Fall wirkt Ihr Telefongespräch wie ein gut gemachter Trailer im Kino oder im Fernsehen, der in kürzester Form Werbung für einen neuen Film macht. Vielleicht schaffen Sie es, bereits während des Telefonats persönliche Sympathie bei Ihrem Gesprächspartner zu mobilisieren. Das gelingt beispielsweise, wenn man überraschend auf Gemeinsamkeiten stößt (»Ach, Sie haben auch in Marburg studiert« oder »Ich war auch ein Jahr in England«). Übertreiben Sie aber nicht, indem Sie zu vertraulich werden.

### Vorsicht vor unerwarteten Anrufen

Auch Personalchefs greifen während der Bewerberauslese zum Telefon. Sie rufen ohne Vorwarnung bei den Kandidaten an. Wie reagiert der Bewerber auf diese unerwartete Situation? Wie ist sein privates Umfeld? Manche Personalleiter ziehen daraus Schlüsse und entscheiden so, bei wem es sich lohnt, ihn zum Vorstellungsgespräch einzuladen.

Die Person, die anruft, ist immer im Vorteil. Sie hat sich auf das Gespräch vorbereitet, während Sie wahrscheinlich nicht einmal Ihre Unterlagen vor sich liegen haben. Was können Sie also tun? Eine klassische Lösung:

*»Guten Tag, Herr Wolf. Ich verabschiede gerade meinen Besuch. Kann ich Sie gleich zurückrufen?«* (Vergessen Sie nicht, nach der Durchwahlnummer zu fragen, bevor Sie auflegen.) Nun haben Sie ein paar Minuten Zeit, einen Blick in Ihre Notizen zu werfen und sich innerlich auf das Gespräch einzustellen.

Ein Vor-Vorstellungsgespräch am Telefon kann leicht als Prüfungssituation empfunden werden und entsprechende Ängste hervorrufen. Versuchen Sie, ruhig zu bleiben, atmen Sie tief durch, und sprechen Sie deutlich und flüssig, nicht zu langsam, aber auch nicht zu schnell. Geben Sie auf Nachfrage die wichtigsten Informationen weiter, die für den Arbeitgeber und den Auswahlprozess relevant sind.

Besonders auf die provozierende Frage des Personalchefs – ob sie nun ausgesprochen wird oder nicht – »Warum sollten wir ausgerechnet Sie einladen?« sollten Sie gut vorbereitet sein. Sie müssen aus dem Stegreif eine Werbebotschaft, also Verkaufsargumente in eigener Sache, überzeugend vortragen können. Vermitteln Sie bei alledem gute Laune und Aktionspotenzial, selbst wenn gerade die Badewanne überzulaufen droht oder die Nudeln zu Brei verkochen. Fassen Sie sich aber unbedingt kurz. Chefs haben wenig Zeit, sind jedoch immer offen für ein interessantes Gespräch.

Auch am späten Abend und am Wochenende müssen Sie auf solche Anrufe vorbereitet sein. Erklären Sie Ihren Familienmitgliedern oder Mitbewohnern, wie sie sich verhalten sollen, falls in Ihrer Abwesenheit ein Arbeitgeber für Sie anruft: freundlich-höfliches Reagieren, Namen von Anrufer und Firma aufschreiben, ebenso die Telefonnummer, einen Rückruf zu einer konkreten Uhrzeit zusagen und am Schluss für den Anruf danken. Veranstalten Sie ruhig eine kleine Schulung mit allen, die möglicherweise bei Ihnen ans Telefon gehen! Sprechen Sie außerdem eine freundlich-verbindliche, professionell klingende Ansage auf Ihre Mailbox/Ihren Anrufbeantworter.

### Die richtigen Rahmenbedingungen

Vielleicht denken Sie ja: »Telefonieren, das kann doch jeder!« Stimmt schon, aber Sie wollen bei der ersten Kontaktaufnahme ja nicht klingen wie

»jeder«. Bereiten Sie deshalb Ihre telefonische Initiativbewerbung gründlich vor, und schaffen Sie die richtigen Rahmenbedingungen.

- Informieren Sie sich über Ihren Gesprächspartner und das Unternehmen.
- Legen Sie verschiedene Notizzettel bereit, sodass Sie für unterschiedliche Gesprächssituationen gerüstet sind.
- Ihr Lebenslauf liegt vor Ihnen für den Fall, dass man genaue Daten von Ihnen verlangt.
- Ihr Terminkalender ist zur Hand, damit Sie sofort Zeit, Ort und Datum aufschreiben können, wenn Sie Verabredungen treffen.
- Wenn Sie am Telefon ein Informationsgespräch vereinbaren wollen, sollte eine Liste mit den Fragen, die Sie klären wollen, vor Ihnen liegen, denn unter Umständen lässt sich Ihre Zielperson nicht auf ein Treffen ein, ist aber bereit, kurz am Telefon mit Ihnen zu sprechen.

## Informationen zur Zielperson

Bringen Sie so viel wie möglich über Ihre Zielperson in Erfahrung, bevor Sie sie anrufen. Bemühen Sie sich um folgende Informationen über Ihre Zielperson:

## Beruflicher Hintergrund

- genauer Titel
- Beschäftigungsfeld (z. B. Produktmanager, Verwaltungsleiter, Verkaufsleiter, Personalchef – was genau macht diese Person?)
- Aktivitätsstand (Ist sie sehr beschäftigt? Wie schwer ist es, an sie heranzukommen? Ist sie entspannt und umgänglich?)
- Lebenslauf (Welche Universität besuchte sie? Für welches Unternehmen hat sie vorher gearbeitet? Gibt es Parallelen zwischen ihrem und Ihrem Lebenslauf? – Stichwort: Gemeinsamkeiten)
- Vereine / Verbindungen (Welchen Organisationen gehört sie an? Wo hält sie sich häufig auf? Kennen Sie Leute, die auch dorthin gehen?)
- Wie passt diese Person in das Gesamtbild, das Sie vom Unternehmen haben?

## Persönlicher Hintergrund

- Hilft Ihr Gesprächspartner gerne anderen Menschen?
- Ist sein Name in letzter Zeit in den Medien aufgetaucht? Wenn ja, ergibt sich aus diesen Meldungen ein interessantes Gesprächsthema oder ein guter Anknüpfungspunkt?
- Seit wann lebt er in der Stadt? Je länger er dort wohnt, desto mehr Leute werden ihn kennen.

Mithilfe der oben stehenden Fragen machen Sie sich ein klares Bild, bevor Sie telefonieren. Zu viele Bewerber versuchen, Kontakte zu nutzen, ohne ein konkretes Ziel vor Augen zu haben. »Ruf Ralf an; er wird dir bestimmt helfen. Sag ihm, ich hätte dir den Tipp gegeben. Hier ist seine Nummer …«. Die meisten Bewerber wählen dann unvorbereitet die Nummer – und vergeben unter Umständen eine riesige Chance. Wenn man Ihnen den Rat gibt, mit einer bestimmten Person zu sprechen, sollten Sie die Gelegenheit nutzen und um nähere Informationen bitten. Wenn Sie alles notieren, was Sie über Ihre Zielperson erfahren, sind Sie auf ein späteres Treffen oder ein Gespräch gut vorbereitet.

## Das Telefonskript

Damit Ihre Vorbereitungen Ihnen beim eigentlichen Telefonat auch wirklich helfen, sollten Sie vor dem Telefonat ein Skript mit Ihren wichtigsten Punkten verfassen. Schreiben Sie auf, was Sie sagen wollen. Sonst kann es sein, dass Ihr Gesprächspartner Sie z. B. durch seine gehetzte Art leicht aus dem Konzept bringt. Auch wer lieber improvisiert, sollte sicherheitshalber ein Skript vor sich liegen haben! Notieren Sie ganz oben den Namen Ihres gewünschten Gesprächspartners, im Zweifelsfall erkundigen Sie sich vorher nach der korrekten Aussprache.

Sprechen Sie den Menschen am anderen Ende der Leitung mit Namen an: »Frau Jäger, haben Sie einen Augenblick Zeit für mich? Es dauert nicht länger als drei Minuten«, »Herr Fabian, ich habe im Internet gesehen, dass Sie ein neues Projekt im Bereich automatische Spracherkennung ins Leben gerufen haben«, »Herr Söller, ich danke Ihnen herzlich für diese Informationen. Ich schicke Ihnen dann meine Unterlagen.«

Auch hier gilt: bitte nicht übertreiben! Es ist zwar richtig, dass jeder gerne seinen Namen hört, allerdings nicht ununterbrochen. Wenn Sie es für besonders geschickt halten, Ihren Gesprächspartner mit seinem Namen zu bombardieren, irren Sie gewaltig. Wer ständig mit Floskeln wie »Ja, Herr Müller«, »Nein, Herr Müller«, »Stimmt, Herr Müller«, »Natürlich, Herr Müller«, »Vielen Dank, Herr Müller« um sich wirft, raubt dem Menschen am anderen Ende der Leitung den letzten Nerv und klingt sicher nicht wie jemand, den man einstellen möchte.

Bevor Sie Namen zu häufig gebrauchen, ist es besser, dies auf die Begrüßung und den Schluss zu beschränken. Wichtig ist, dass Sie freundlich und natürlich klingen. Ihr Gegenüber soll nicht das Gefühl bekommen, Sie seien gerade von einem missglückten Rhetorik-Wochenendseminar mit dem Thema »So überzeuge ich andere« zurückgekehrt.

### Konkret sein

Unabhängig davon, in welcher Phase Ihrer Bewerbung Sie anrufen, müssen Sie stets den Eindruck vermitteln, dass Sie wirklich etwas zu sagen oder zu fragen haben. Ein Personalchef spricht gern über sein Unternehmen, vor allem über die Größe und die Zahl der Mitarbeiter. Zeigen Sie ihm durch Ihre Fragen, dass Sie sich für seine Arbeit und seinen Betrieb interessieren. Machen Sie auch deutlich, dass Sie sich sorgfältig über das Unternehmen informiert haben. Etwa so:

- »Guten Tag, Frau Zimmermann. Gerade habe ich über Ihr Unternehmen in der Süddeutschen Zeitung gelesen. Ich interessiere mich sehr für eine Tätigkeit im Bereich Kongressmanagement und möchte Ihnen gerne meine Bewerbungsunterlagen zusenden. Dem Zeitungsbericht war zu entnehmen, dass Sie in Ihrem Unternehmen gute Erfahrungen mit der Beschäftigung von Geisteswissenschaftlern gemacht haben. Deshalb meine Frage: Ich bin promovierter Physiker, habe aber bereits einige Erfahrungen mit der Planung wissenschaftlicher Kongresse. Beispielsweise habe ich letztes Jahr die Hauptversammlung der Internationalen Naturwissenschaftlervereinigung gestaltet. Sehen Sie da eine Chance für mich, oder sind Sie auf Geisteswissenschaftler festgelegt?«
- »Guten Tag, Herr Schröter, ich habe gehört, dass Sie zurzeit Programmierer suchen. Da ich Mathematik studiert habe, bin ich vor allem auf konzeptionelle Arbeit spezialisiert. Ich würde mich daher gern kurz mit dem zuständigen Projektleiter unterhalten. Es geht um die Frage, ob er jemanden zum Programmieren oder eher für die Konzeption benötigt. Können Sie mich weiterverbinden?«

Lassen Sie sich dabei nicht zu schnell abwimmeln. Sie können Ihre Unterlagen ja auch bei der Sekretärin abgeben. Vielleicht ergibt sich ein kurzes freundliches Gespräch mit ihr. Das nützt Ihnen vielleicht schon für Ihren nächsten Anruf. Außerdem ist Ihr Kurzbesuch ein weiteres Zeichen Ihrer Einsatzbereitschaft und Motivation. Wenn dann noch der Zufall mitspielt und der Chef gerade ins Vorzimmer kommt, kann sich durchaus ein kurzes erstes Vorstellungsgespräch entwickeln. Auch hierauf sollten Sie vorbereitet sein.

### So präsentieren Sie sich richtig

Telefonieren Sie im Stehen. Das gibt Ihrer Stimme Kraft und vermittelt einen dynamischen Eindruck. Wenn Sie gerade nichts notieren müssen, können Sie während des Gesprächs auf und ab gehen. Ziehen Sie sich für ein wichtiges Telefonat an wie für ein Vorstellungsgespräch. Im Jogginganzug zusammengesunken auf Ihrem Sofa werden Sie andere nicht überzeugen können. Schauen Sie in einen auf dem Schreibtisch aufgestellten Spiegel oder besser noch – weil Sie ja stehen – in Ihren Wandspiegel. Lächeln Sie sich selbst an. Nicht grinsen! Sie werden sehen, wie positiv das Ihre Ausstrahlung am Telefon beeinflusst. »Die Form des Mundes hat Einfluss auf den Klang der Stimme«, so der Amerikaner George Walther, Autor des Buches *Phone Power* und Profi-Telefontrainer.

Diese Empfehlungen mögen Sie vielleicht im ersten Moment befremden, aber wenn Sie sich mit der Materie wirklich intensiv beschäftigen, merken Sie schnell, dass es sich hier um erprobte und hilfreiche Tipps handelt.

### Keine verräterischen Hintergrundgeräusche

Während des Telefongesprächs mit Ihrem potenziellen Arbeitgeber muss Ihre Umgebung absolut ruhig sein. Das bedeutet u. a., dass Sie besser nicht von unterwegs aus anrufen. Sorgen Sie dafür, dass im Hintergrund niemand mit Geschirr klappert, Ihr Hund nicht bellt oder Ihre Kinder die Musik nicht laut aufdrehen. Vermeiden Sie außerdem Bürolärm. Denn das erweckt den Eindruck, dass Sie in der Arbeitszeit bei Ihrem jetzigen Arbeitgeber telefonieren – ein Fauxpas, den Sie nie wiedergutmachen können.

Ihre Türklingel sollten Sie möglichst abschalten, da Sie nicht, sobald Sie endlich »den Richtigen« am Telefon haben, von spontanem Besuch gestört werden wollen.

### Üben Sie

Viele Leute sind unsicher, wie ihre Stimme am Telefon klingt. In solchen Fällen ist es hilfreich, Freunde oder Bekannte gezielt auf dieses Thema anzusprechen. Vielleicht können Sie ein Probetelefonat mit Ihrem besten Freund oder Ihrer besten Freundin aufzeichnen. Überhaupt sind Rollenspiele am Telefon sehr zu empfehlen.

Auch Atem-, Entspannungs- und Stimmübungen tun gute Dienste und verschaffen der Stimme mehr Präsenz. Die Persönlichkeitstrainerin Sabine Asgodom rät sogar, das Telefonskript vorher zu singen …

### Der richtige Zeitpunkt

Natürlich sollte der Tag, an dem Sie wichtige Telefongespräche führen, ein Tag sein, an dem alle Rahmenbedingungen stimmen. Gut ausgeschlafen, gut gelaunt und voller Tatendrang greifen Sie zum

Telefon. Telefonexperten raten Bewerbern: Erfolgreiches Telefonieren ist auch eine Frage des Biorhythmus. Ein Morgenmuffel kann nicht schon vormittags mit der Stimme kraftvolle Bilder malen, Ideen vermitteln und Power rüberbringen. Außerdem sollte man sich nicht vorher über irgendjemanden furchtbar geärgert haben. So etwas überträgt sich garantiert auf das Telefonat.

Apropos Frühaufsteher: Wenn Sie Sorge haben, mit Ihrem Anliegen nicht an der Sekretärin vorbeizukommen, versuchen Sie es doch einmal morgens zwischen 7 und 8.30 Uhr. Vielleicht haben Sie Glück, und der Chef ist schon im Büro. Als Morgenmuffel versuchen Sie es besser nach 17 Uhr, freitagnachmittags oder in kleineren Unternehmen auch mal am Wochenende. Nicht selten sind Chefs auch noch um 18 oder 20 Uhr und an Samstagen vormittags im Büro und wie fast jeder Mensch neugierig, wenn das Telefon klingelt. Auch wenn Ihr Gegenüber sich nicht gleich zu erkennen gibt und sich nur mit »Hallo« meldet, gehen Sie ruhig davon aus, dass Sie einen Entscheidungsträger am anderen Ende der Leitung haben. Das ist Ihre Chance, Ihr Anliegen vorzutragen.

Telefonieren ist in erster Linie Übungssache, doch die meisten Bewerber haben kaum Erfahrung, Gesprächstermine am Telefon zu vereinbaren. Daher ist es sinnvoll, als Vorübung zunächst Freunde anzurufen bzw. Freunde zu bitten, mit Ihnen Gesprächssituationen durchzuspielen. Wer so anfängt, lernt schrittweise, seine Pläne in Worte zu fassen, und fühlt sich mit der Zeit wohler in seiner Haut. Wenn Sie die Telefontechniken beherrschen und freundlich sind, ohne zu »schleimen«, werden Sie zum überzeugenden Gesprächspartner.

Das Telefon ist für Ihre Initiativbewerbung ein zentral wichtiges Medium. Je besser Sie damit umgehen können, desto erfolgreicher wird Ihr Vorhaben sich realisieren. Auch hier gilt: Übung macht den Meister.

---

### ✪ Checkliste: Telefon

**Bereiten Sie Ihre Telefonate gründlich vor**
- ○ Fertigen Sie Notizen / Stichworte an.
- ○ Legen Sie sich schlagfertige Antworten auf schwierige Fragen zurecht.
- ○ Bereiten Sie einen ein- bis zweiminütigen verbalen »Werbespot« in eigener Sache vor.
- ○ Überlegen Sie, was Ihnen bei Telefongesprächen die größten Schwierigkeiten verursacht. Arbeiten Sie an diesen Problemen.
- ○ Seien Sie darauf vorbereitet, dass man Sie zurückweist. Niemand gewinnt jedes Spiel, aber je mehr Sie üben, desto erfolgreicher werden Sie. Experten schätzen, dass man ca. 10 bis 20 Versuche braucht, um eine Runde weiterzukommen. Eine verfolgenswerte Perspektive ...

**Während des Telefonats**
- ○ Achten Sie auf Ihre Stimme. Sie sollten fröhlich, freundlich und selbstbewusst klingen.
- ○ Fassen Sie sich kurz, und seien Sie präzise. Bilden Sie einfache Sätze. Geben Sie Ihrem Gesprächspartner Gelegenheit, zu antworten.
- ○ Notieren Sie Namen, Telefonnummer und Adresse Ihres Gesprächspartners und ggf. Tipps zur Anreise.
- ○ Beenden Sie das Gespräch so schnell wie möglich, nachdem Sie Datum, Uhrzeit und Adresse bestätigt haben.

---

**LERNTEST**

### 3. Lerntest: Richtig oder falsch?

Welche Aussage ist richtig, welche falsch?
Bitte kreuzen Sie **R** oder **F** an.

a) Durch ein zuvor geführtes Telefonat mit dem Empfänger der Initiativbewerbung oder seinem Vertreter kann man seine Bewerbung noch zusätzlich positiv fördern.    R ☐ F ☐

b) Wenn man eine Absage vom Unternehmen bekommt, muss man sich neu orientieren, etwas anderes bleibt einem ja kaum übrig, denn wirklich tun kann man nichts.    R ☐ F ☐

c) Ein eigenes Stellengesuch aufzugeben ist eine ziemlich aufwendige Sache.    R ☐ F ☐

Die richtige Lösung finden Sie auf Seite 60.

Lösung 2. Lerntest: b, c. Die Lösungen b und c geben jeweils 2 Punkte, a ist nicht ganz verkehrt, gibt aber keinen Punkt.

# FORMEN DER KURZBEWERBUNG

Zeit ist ein rares Gut – besonders bei Führungskräften. Wenn Sie es schaffen, sich in kurzer und dazu noch interessanter Form zu präsentieren, haben Sie jedoch gute Chancen, dass man auf Sie aufmerksam wird.

Die Kurzbewerbung ist hier das Mittel der Wahl. Ihre Kürze verführt (hoffentlich) selbst den eiligen Empfänger dazu, den Text zu überfliegen und dabei schnell über den Bewerber informiert zu werden. Noch besser: neugierig darauf zu werden, wer sich hinter Text und Angebot verbirgt.

## Der Flyer – Ihr persönlicher Werbeprospekt

Eine besonders gelungene Form der Kurzbewerbung ist der Flyer – Ihr ganz persönlicher Werbeprospekt. Das Format können Sie recht frei wählen, in unserem Beispiel (Seite 51 f.) ist es DIN A4, auf Vorder- und Rückseite bedruckt. Mit dem Textverarbeitungsprogramm Ihres PCs können Sie problemlos einen solchen Flyer herstellen. Klicken Sie z. B. bei Word in der Menüleiste auf *Seite einrichten, Orientierung* und wählen Sie *Querformat*. Richten Sie sich drei Spalten ein oder legen Sie eine dreispaltige Tabelle als Grundlage an. Schon kann's losgehen.

Der Flyer wird von beiden Seiten bedruckt, indem Sie z. B. erst den Außenteil ausdrucken, das Papier umdrehen und dann die inneren Textabschnitte drucken. Sie dürfen – anders als in unserem Beispiel – auch die Seite frei lassen, die im zusammengeklappten Zustand den »Rücken« bildet. Die grafische Gestaltung bleibt also ganz Ihnen überlassen – die Möglichkeiten sind vielfältig. Sie können Ihren Flyer natürlich auch professionell in einem Copyshop ausdrucken lassen.

Die größte Herausforderung bei dieser Art Werbeprospekt in eigener Sache ist die Notwendigkeit, mit wenig Text auszukommen. Wer sich dieser Herausforderung stellt und das Problem gut löst, hat wirklich die Essentials seines Angebots herausgearbeitet (siehe dazu auch Seite 40 »Ihr überzeugendes Stellengesuch«).

Mit einem kurzen Begleitschreiben in die Richtung »Sie halten jetzt die wahrscheinlich leichteste Bewerbungsmappe der Welt in der Hand ...« kann man sogar hartgesottene Personalchefs immer noch überraschen. Trotzdem sollten diese im Posttarif äußerst günstigen Varianten nicht dazu verleiten, kopflos Hunderte von Flyern zu verschicken. Nicht die Quantität zählt schließlich, sondern die Qualität.

Diese Form der schriftlichen Kontaktaufnahme stellt eine Alternative dar, mit der Sie Aufmerksamkeit, Interesse und Neugier an Ihrer Person wecken können. Sie sollten auf jeden Fall auch ein Foto einfügen.

Ein Flyer ist auch immer eine besondere Art der Visitenkarte, wenn es z. B. um Erstkontakte auf Messen geht oder bei sonstigen Zusammenkünften mit potenziellen Arbeitgebern. Schnell bei der Hand und leicht zu transportieren, ermöglicht Ihnen der Flyer, Ihre Werbebotschaft auf ansprechende und kompakte Weise zu überreichen.

## Die »klassische« Kurzbewerbung

Im Anschluss an den Flyer zeigen wir Ihnen eine Kurzbewerbung, die ganz klassisch aus einer DIN-A4-Seite besteht. Man muss sich nicht zwangsläufig auf genau eine Seite beschränken, aber das Kennzeichen einer gelungenen Kurzbewerbung ist nun mal ihre Kürze und die wohl am häufigsten eingesetzte Form ist ein Anschreiben, in das die wichtigsten Lebenslaufdaten integriert sind. Oftmals werden auch zwei Seiten getextet: ein eher knappes Anschreiben und eine zweite Seite, die die berufliche Entwicklung darstellt.

Es liegt auf der Hand: Gerade hier kommt es auf jedes Detail an. Und das Verfassen kurzer, prägnanter Texte kann oftmals doppelt so viel oder mehr Zeit verbrauchen wie das Schreiben längerer Texte.

Name, Vorname

Betrieb/Straße

PLZ, Ort

Telefon

**Ja, ich möchte gerne mehr über Manuela Veltin erfahren! Bitte senden Sie mir**

☐ eine Kurzbewerbung (Anschreiben + Lebenslauf)
☐ eine komplette Bewerbungsmappe

Bitte
ausreichend
frankieren

Manuela Veltin
Welfengarten 10
30156 Hannover

**Mein Ausbildungsziel: Buch und Handel**

**Sehr geehrte Frau Seeger,**

hinter diesem Gesicht steckt **Manuela Veltin,** die sich heute bei Ihnen um eine **Ausbildung zur Buchhändlerin** bewerben möchte. (Bitte weiterblättern ...)

Hannover, 5. Februar 2017

*Wenn Sie Interesse an meiner ausführlichen Bewerbung haben, verwenden Sie bitte diese Antwortkarte, vielen Dank!*

**Mein Ausbildungsziel: Buch und Handel**

**Ein Buch ist immer so spannend wie sein Cover ...**

**... und welche Bewerberin steckt hinter diesem Gesicht?**

**Manuela Veltin / Bewerbungsflyer (Kommentar auf Seite 54)**

## Mein Ausbildungsziel: Buch und Handel

**„Bücherwurm", „Leseratte" …**

mit diesen Spitznamen werde ich schon seit meiner frühesten Kindheit bedacht. Genau gesagt, seit ich das Lesen gelernt habe. Denn mit diesem Tag hat sich für mich die faszinierende Welt der Bücher geöffnet.

Im Deutschunterricht konnte ich seitdem die wichtigsten Werke der deutschen Literatur und einige französische Bücher kennenlernen. Aber nicht nur das Lesen fasziniert mich, auch die kaufmännischen Aspekte des Buchhandels und der intensive Kontakt zu den Kunden interessieren mich sehr.

Mein größter Wunsch ist es daher, den Beruf der Buchhändlerin zu erlernen. Ich kenne Ihre Buchhandlung schon lange als Kundin und möchte sehr gerne als Auszubildende bei Ihnen lernen.

Ich freue mich, wenn Sie mir die Möglichkeit geben, Sie in einem Gespräch persönlich kennenzulernen.

Mit freundlichen Grüßen

*Manuela Veltin*

## Mein Ausbildungsziel: Buch und Handel

**Manuela Veltin**        Welfengarten 10
                          30156 Hannover
                          0511 456896
                          m.veltin@web.de

**Persönliche Daten**

| | |
|---|---|
| Geboren: | am 26. April 2001 in Hannover |
| Eltern: | Ralf Veltin, Lehrer Dorte Veltin, geb. Maier, Bibliothekarin |

**Schulbildung**

| | |
|---|---|
| Grundschule: | 2007–2011 |
| Realschule: | seit 2011 |
| Abschluss: | Sommer 2017 |
| Lieblingssprachen: | Englisch, Französisch |

**Außerschulische Interessen**

| | |
|---|---|
| Kenntnisse: | MS Office Tastaturschreiben mit 10-Finger-System englische Kriminalromane, Ballett, Feldhockey |
| Hobbys: | |

## Mein Ausbildungsziel: Buch und Handel

*Bücher sind die stillsten und beständigsten Freunde; sie sind die zugänglichsten und weisesten Ratgeber und die geduldigsten Lehrer.*

(Charles W. Eliot)

**Manuela Veltin / Bewerbungsflyer (Kommentar auf Seite 54)**

**Thomas Heldt**
Drauburger Straße 37
80333 München
089 3345468
th.heldt@gmx.de
www.xing.com/profile/Thomas_Heldt

Coop-Ex Industrie-Consulting
Herrn C. Kühnel
Grünburger Allee 112
81541 München

München, 16.02.2017

Sehr geehrter Herr Kühnel,

ich möchte Sie gerne auf jemanden aufmerksam machen: auf mich.

Wer ich bin …    Thomas Heldt, 45 Jahre alt, engagierter und erfahrener Exportkaufmann
im Bereich Investitionsgüter.

Was ich will …    Einen Arbeitsplatz in Ihrem Unternehmen, mit dem ich bereits in den
vergangenen Jahren zusammengearbeitet habe. Gerne würde ich hier meine
Stärken wie Genauigkeit, Selbstständigkeit und Stressresistenz einsetzen.

Was ich kann …    Ich biete Ihnen langjährige Erfahrung und damit Kontakte im weltweiten
Exportgeschäft von Maschinen und Anlagen. Ich verfüge über umfassende
Kenntnisse in Exportvorbereitung, -abwicklung und -Controlling:
z. B. Vertragsgestaltung, Finanzierungsmanagement, Riskmanagement,
Zollabfertigung, Logistik, Akkreditivbearbeitung und Forderungsmanagement.
Eine permanente Fortbildung ist mir sehr wichtig. Daher habe ich Kurse
in Zollbestimmungen, internationalem Vertragsrecht, Exportkontrolle und
in SAP R/3 erfolgreich abgeschlossen.
Gerne arbeite ich im Team, bin aber dank meines Organisationstalents
und der großen Flexibilität selbstverständlich auch in der Lage, jederzeit
eigenverantwortlich zu agieren.

Weitere Unterlagen sende ich Ihnen gerne zu und hoffe, bald von Ihnen zu hören.

Mit freundlichen Grüßen

*Thomas Heldt*

**Thomas Heldt / Kurzbewerbung (Kommentar auf Seite 54)**

## Der Bewerbungsflyer

### Kommentar

Das durchgehende »Spruchband« am oberen Rand lässt den Leser keine Minute vergessen, worum es geht: um einen Ausbildungsplatz im Buchhandel. Das ist offensichtlich Manuelas Herzenswunsch, sonst hätte sie nicht einen so beeindruckenden Flyer gestaltet. Nach einem unterhaltsamen kurzen Einstieg mit sympathischem Foto und netter aufmerksamkeitswirksamer Frage spricht Manuela die Empfängerin (Frau Seeger) direkt an. Und die sieht schon jetzt, dass sie per vorgefertigter Antwortkarte ganz unkompliziert die vollständigen Unterlagen anfordern kann, wobei dies natürlich auch einfach mithilfe der angegebenen E-Mail-Adresse möglich ist.

Der Lebenslauf, den Manuela Veltin eingefügt hat, ist sogar vollständig und auch das Anschreiben ist kaum kürzer als ein klassisches. Mit einer etwas kleineren Schriftgröße (10 Punkt) ist so etwas möglich. Kleiner als 10 Punkt sollte es allerdings nicht werden, sonst können Sie gleich eine Lupe mitschicken (und diese Kreatividee käme sicherlich nicht so gut an!).

**Einschätzung:** Damit hat sich diese Ausbildungsplatzsuchende wirklich bestens empfohlen und wird sicherlich positiv berücksichtigt werden. Eine tolle Idee, sehr gut umgesetzt!

Und auch wenn es sich hier in diesem Beispiel um eine Bewerbung für einen Ausbildungsplatz handelt: Eine leichte (schnelle) Abwandlung des Textes und eine gestandene Sekretärin kann sich so bzw. ganz ähnlich auf einen Bürojob bewerben und ein Lebensmittelverkäufer sich in seinem Fach empfehlen.

Übrigens: Für Jobs, in denen man mehr als 36.000 Euro im Jahr, also monatlich über 3.000 Euro verdient, ist es vielleicht nicht der beste Weg. Und dennoch, es kommt immer darauf an, wie Sie den Bewerbungsflyer gestalten und texten.

## Die Kurzbewerbung

### Kommentar

Bei diesem Beispiel handelt es sich um eine Bewerbung in kürzester Form. Sie umfasst wirklich nur eine Seite. Trotzdem sind die wichtigsten Daten und Argumente des Kandidaten enthalten und geschickt präsentiert.

Die grafische Gestaltung, das quadratische Foto, die Textanordnung – all das wirkt stimmig.

Der Kandidat muss über die Firma Erkundigungen eingeholt haben, denn er kann den verantwortlichen Ansprechpartner in Anschrift und Anrede namentlich benennen.

Der Hauptteil des Schreibens ist durch drei klare, kurze, aussagekräftige Satzanfänge gegliedert, die auf der rechten Seite in prägnanter Weise beantwortet werden.

Der Bewerber versteht es, in dieser sehr komprimierten Form für sich zu werben. Der Leser wird neugierig und möchte sicherlich mehr erfahren. Die Kurzbewerbung endet mit dem Hinweis, dass der Kandidat gerne weitere Unterlagen zusendet. Diese Anmerkung ist bei solch einer Bewerbung unabdingbar.

Einziger Kritikpunkt: Vielleicht kommt es noch nicht deutlich genug zum Ausdruck, warum sich der Kandidat gerade bei diesem Unternehmen bewerben will. Das Argument, dass er bereits früher mit der Firma zusammengearbeitet hat, könnte er noch besser nutzen.

**Einschätzung:** Eine insgesamt gute und optisch wie inhaltlich einfallsreiche Kurzbewerbung.

# E-Mail-Kurzbewerbung

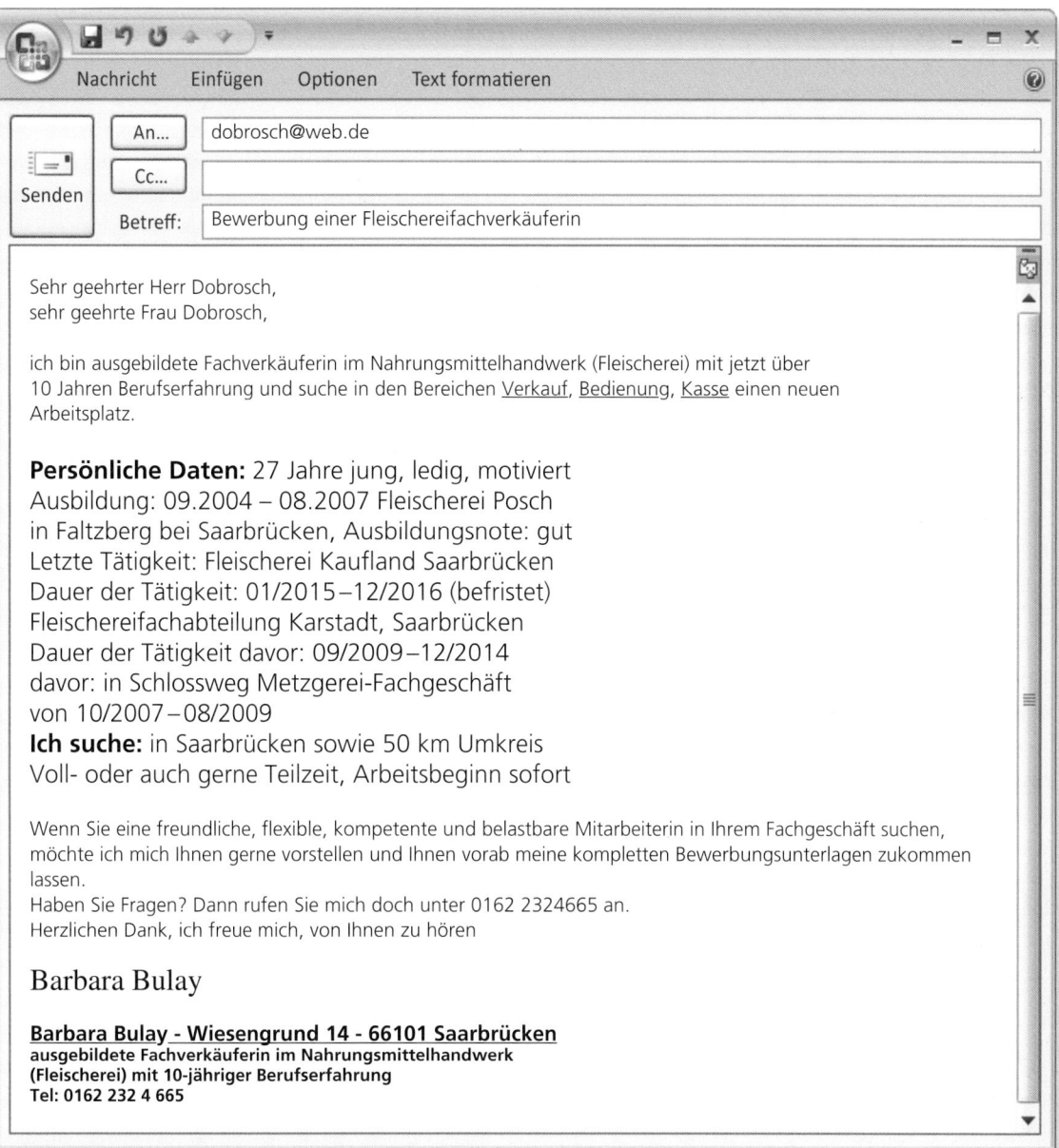

Nachricht   Einfügen   Optionen   Text formatieren

An... dobrosch@web.de

Cc...

Senden

Betreff: Bewerbung einer Fleischereifachverkäuferin

Sehr geehrter Herr Dobrosch,
sehr geehrte Frau Dobrosch,

ich bin ausgebildete Fachverkäuferin im Nahrungsmittelhandwerk (Fleischerei) mit jetzt über
10 Jahren Berufserfahrung und suche in den Bereichen Verkauf, Bedienung, Kasse einen neuen
Arbeitsplatz.

**Persönliche Daten:** 27 Jahre jung, ledig, motiviert
Ausbildung: 09.2004 – 08.2007 Fleischerei Posch
in Faltzberg bei Saarbrücken, Ausbildungsnote: gut
Letzte Tätigkeit: Fleischerei Kaufland Saarbrücken
Dauer der Tätigkeit: 01/2015–12/2016 (befristet)
Fleischereifachabteilung Karstadt, Saarbrücken
Dauer der Tätigkeit davor: 09/2009–12/2014
davor: in Schlossweg Metzgerei-Fachgeschäft
von 10/2007–08/2009
**Ich suche:** in Saarbrücken sowie 50 km Umkreis
Voll- oder auch gerne Teilzeit, Arbeitsbeginn sofort

Wenn Sie eine freundliche, flexible, kompetente und belastbare Mitarbeiterin in Ihrem Fachgeschäft suchen,
möchte ich mich Ihnen gerne vorstellen und Ihnen vorab meine kompletten Bewerbungsunterlagen zukommen
lassen.
Haben Sie Fragen? Dann rufen Sie mich doch unter 0162 2324665 an.
Herzlichen Dank, ich freue mich, von Ihnen zu hören

Barbara Bulay

**Barbara Bulay - Wiesengrund 14 - 66101 Saarbrücken**
**ausgebildete Fachverkäuferin im Nahrungsmittelhandwerk**
**(Fleischerei) mit 10-jähriger Berufserfahrung**
**Tel: 0162 232 4 665**

## Kommentar

Diese E-Mail-Kurzbewerbung ist eine sehr gut gelungene Kombination aus einem relativ kurzen
E-Mail-Text, der freundlich-höflichen Ansprache der
Empfänger, für die die Bewerberin gerne arbeiten
möchte, und den eigenen Lebenslaufdaten, die vermitteln, dass sie etwas anzubieten (Problemlösungs-
erfahrung) hat.

Eine schlichte, aber klare Betreffzeile, die perso-
nalisierte Anrede der Inhaber und gleich eine erste
präzise Aussage vor den komprimierten Lebenslaufdaten verdeutlichen schnell, dass man es hier mit
einer Fachverkäuferin zu tun hat, die wirklich »etwas draufhaben« könnte. Das müsste doch sofort
das Interesse der Geschäftsinhaber wecken und da

auch der Mailabschluss so ermutigend und einla-
dend getextet wurde, ist es durchaus wahrscheinlich, dass zum Telefon gegriffen wird oder vielleicht
sogar gleich eine Einladung zum Vorstellungs- und
Kennenlerngespräch erfolgt. Raffiniert ist auch der
Abbinder unten, der dazu genutzt wird, die 10
Jahre Berufserfahrung zum Schluss noch einmal zu
wiederholen.

**Einschätzung:** Diese Bewerbung hat sicher gute
Chancen. Einzige kritische Anmerkung: Unsere Bewerberin hätte in der Darstellung Ihrer Berufsstationen ruhig auch noch ein paar Tätigkeiten aufführen
können.

## Das Profil

Was genau ist ein Bewerberprofil? Ihrem Profil kommt eine ähnlich wichtige Bedeutung zu wie Ihrem Lebenslauf. Es hat die spezielle Funktion, Ihr besonderes Angebot, Ihren USP (Alleinstellungsmerkmal, das, was Sie positiv von anderen Bewerbern unterscheidet) kurz und knapp zu vermitteln sowie Ihre Problemlösungsfähigkeit überzeugend vor Augen zu führen. Das vermittelt Ihr Lebenslauf auch, aber in deutlich anderer Form.

Bei beiden geht es um den Nachweis Ihrer speziellen Kompetenz, hohen Leistungsmotivation und besonderen Persönlichkeit (KLP). Ihr Profil soll vor allem in ganz kurzer Form Auskunft darüber geben, was Sie aktuell leisten können (und auch diesbezüglich schon geleistet haben), um einen Personalentscheider sicherer abschätzen zu lassen, ob er Ihnen die neue Aufgabe zutrauen kann. Ein gutes (papierenes oder auch digitales) Profil, das Sie auch ohne weitere Anlagen, nur mit einem kurzen Anschreiben, verschicken können, kann Ihnen wesentlich dabei helfen, im Bewerbungsprozess weiterzukommen.

### Inhalt

Ihr Profil bildet die wichtigsten »Marker« ab, die erkennen lassen, dass Sie für die zu besetzende Position, die anstehenden Probleme, Aufgaben etc. die richtige, bestgeeignete Person sind. Ihr Profil sollte also sehr genau auf die Position oder auf die Art der Problemlösungen, für die Sie sich bewerben, ausgerichtet sein.

### Umfang

Alles, was Sie für diese Aufgaben besonders qualifiziert und interessant macht, muss zu Papier gebracht werden. Alles andere lassen Sie weg. Auch an dieser Auswahl erkennt man, mit wem man es zu tun hat! Ihr Profil sollte deshalb nicht länger als eine, maximal bis zu zwei Seiten sein!

### Form

Für Ihr Profil (genau dies ist auch die Überschrift: Profil) gelten die gleichen Layoutregeln (Stichwort Ästhetik) wie für den Lebenslauf. Unter der Überschrift »Profil« folgt ein zweispaltiger Aufbau, dessen Abteilungen durch linksseitige Überschriften geprägt sind und deren inhaltliche Ausführung rechts daneben steht (vgl. Seite 58), aber auch andere Gestaltungsmöglichkeiten können genutzt werden (vgl. Seite 57). Es ist im Unterschied zum Lebenslauf eher unüblich, das Profil zu unterschreiben.

Die folgenden Punkte sind eine Anregung, es gibt keine feststehenden Regeln, nach denen sich Ihr Profil aufbaut.

### Ausgewählte Themen- / Überschriftenvorschläge, die Ihr (Angebots-)Profil abbilden

- Vor- und Zuname, Geburtsdatum/Ort
- Berufsbezeichnung
- Kontaktdaten (nur die wichtigsten)
- Ausbildungshintergrund
- Schwerpunktkenntnisse und Erfahrungen (das ist sehr wichtig!)
- durchgeführte Projekte und erzielte Erfolge
- ggf. berufliche Auslandsaufenthalte
- Weiterbildung und Seminare
- ggf. Mitgliedschaften in Verbänden und Fachgremien
- Engagement, Interessen
- Sprachkenntnisse
- EDV-Kenntnisse
- Führerscheine/Lizenzen
- ggf. Veröffentlichungen, Vorträge
- ggf. Lehr- und/oder Prüfungs- und/oder Gutachtertätigkeit
- Interessen, Engagement, Hobbys

**PROFIL › BEATRICE HERRMANN**

**Beatrice Herrmann**, Hauptstraße 12, 50674 Köln, 0161 7649114
b.herrmann@web.de, www.xing.com/profiles/beatrice_herrmann
Diplom-Kauffrau, 49 Jahre, verheiratet, ein erwachsener Sohn

### › ICH BIN

mit Leib und Seele bei der Raiffeisen- und Volksbanken-Genossenschaft mit Erfahrungsschwerpunkt Internationaler Genossenschaftsbanken-bereich und zahlreichen Kontakten zu weiteren Geldinstituten in In- und Ausland, seit 2008 im Bundesverband der Raiffeisenbanken und Volks-banken (BRV)

> 2002 bis 2007 beim Verband NRW
> 1998 bis 2002 Kreditbankverein NRW
> 1988 bis 1998 NRW Landesbank inkl. BWL-Studium

### › ICH KANN

etwas aufbauen, umsetzen, vermarkten und auf Erfolge verweisen wie:

> Projektmanagementsystem im BRV verbunden mit der Senkung des jährlichen Projektbudgets um 60 % bei gleicher Projektzahl
> Projektergebnisdatenbank für alle Genossenschaftsbanken Nutzungsquote 2011 bei Einführung: 5 Tsd., 2015: 200 Tsd. p. a.
> Staff-Move & Development-Program Programm zur Qualifizierung von Mitarbeitern

### › ICH HABE

verstanden, wie Verbände funktionieren müssen, wenn sie Einrichtungen und Mitgliedsorganisationen wirklich effizient unterstützen wollen. Dabei kommt es nicht allein auf die richtige Anwendung von Tools und Methoden an, sondern vor allem auf das Miteinandersprechen und das frühzeitige Einbinden aller Beteiligten. Erfahrungen, die auch für meine Ehrenämter – ich bin Schöffin und Telefonseelsorgerin – gelten.

### › ICH BIETE

> ein Netzwerk mit wertvollen Kontakten zu Bankvorständen
> kreative Methoden, um miteinander ins Gespräch zu kommen
> Leidenschaft, Ziele so zu erreichen, dass alle Beteiligten gewinnen

**Beatrice Herrmann / Profil (Kommentar auf Seite 59)**

# BERUFSPROFIL

**Marc Edwards, Junior Test Engineer**
Am Park 1, 97070 Würzburg, Tel.: 0171 2931452
marc.edwards@aol.com
www.linkedin.com/in/marc_edwards
geboren in Chicago (USA) am 21. Februar 1979
bilingual aufgewachsen in den USA und Europa
ungebunden, mobil

| | |
|---|---|
| **Qualifikation** | ▸ Master of Science (Wirtschaftsinformatik), Fachhochschule Ulm<br>▸ Doppel-Bachelor (Wirtschaftsinformatik und Technisches Englisch), Technische Universität Chicago, USA<br>▸ ISTQB Certified Tester – Foundation Level<br>▸ Certified Agile Tester |
| **Erfahrungshintergrund** | Junior Testingenieur mit 5 Jahren Erfahrung bei Tests und Optimierungen von SW Applikationen, 1 Jahr davon Abnahmetests einer komplexen Logistik-Applikation. Ich habe mich sehr schnell in die Tests eines Medizinproduktes eingearbeitet und teste seit sechs Monaten verschiedene Versionen der Partikel Therapie KTS Applikation basierend auf der Plattform Synyo. |
| **Kompetenzschwerpunkt** | Test-Spezifikation und -Durchführung des ‚XT Medical Therapy Suite' (KTS), ein Synyo-basiertes medizinisches System für die Behandlung mit Partikel Therapie. Dokumentation und Analyse der Testergebnisse sowie Überwachung des Fehlerreports und die dazugehörigen Regressionstests.<br><br>Erstellung, Gestaltung und Produktion von Testdaten für den MTS Test (CIT, CAT, SIT) nach Medizinproduktvorgaben in verschiedenen SW Versionen.<br><br>Produktbetreuung des IndienTransport Management Systems (ITM). ITM unterstützt die Logistikprozesse für die Lieferung von komplexen Telekommunikationssystemen. Einführung, Tests und Optimierung der Logistikprozesse. |
| **Besondere Kenntnisse** | **Fachliche und methodische Schwerpunkte**<br>▸ Prozessoptimierung in der Logistik<br>▸ Klinische Workflow Partikel Therapie. DICOM Protocol<br>▸ Bedienung des XT Treatment Planungssystems (synyo based)<br>▸ Dokumentation nach Medizinproduktgesetz (CALIBER, CHARM NT; SAP)<br>▸ Logistik der Testdatensätze für CIT, CAT und SIT<br>▸ Mitarbeit im SCRUM MTS Entwicklungsteam als Test Designer<br>▸ Testmanagement Werkzeuge (iTestbench, TMT)<br>▸ Java, C#, ABAP, SQL, LaTeX, MS Office<br><br>**Sprachen**<br>Englisch und Deutsch (beide muttersprachlich) |

**Marc Edwards / Profil (Kommentar auf Seite 59)**

## Die Profile

### Kommentar

Sie sehen hier zwei Profile von Initiativbewerbern mit unterschiedlicher Vorgehensweise bei der Informationsvermittlung. Beide Profile sind auch ohne Foto gut vorstell- und einsetzbar. Sie zeigen Ihnen den großen Spielraum, der Ihnen trotz minimaler Fläche bleibt, um sich vorzustellen und Ihre Leistungen zu vermitteln. Während die Bankerin Wert darauf gelegt hat, Ihre Kompetenzen in sprachlich ansprechender Form zu präsentieren, konzentriert sich der IT-ler sehr stark auf sein entsprechendes Fachvokabular. Beide informieren jedoch spannend und schnell erfassbar. Darauf kommt es an! Der Versand kann per klassischer Post oder E-Mail erfolgen. Sie legen eine Visitenkarte bei mit handschriftlichen Grüßen und der Frage und Bitte: »Klingt das interessant? Können wir bitte kurz telefonieren?« Oder Sie versenden Ihr Profil mit ganz kurzem Text in der E-Mail-Maske.

## Die Visitenkarte oder Profilcard

Statt eines Flyers oder Profils – wie eben vorgeführt – reicht häufig sogar schon eine Visitenkarte, die Sie Ihrem Gegenüber bei oder nach einem persönlichen Erstkontaktgespräch überreichen. Das ist von der Handhabung (Transport, Verfügbarkeit) noch unkomplizierter. So ein kleines Kärtchen sollten Sie also ständig bei sich tragen. Ihr Gegenüber kann sich dann besser an das Gespräch und Ihr Angebot erinnern, und wenn Sie in den darauffolgenden Tagen anrufen oder eine E-Mail bzw. auch auf dem postalischen Weg Ihre klassischen Initiativbewerbungsunterlagen schicken, ist beim Empfänger die Informationsgrundlage deutlich besser.

### Kommentar

Bei so wenig Platz für Interesse zu werben und alles Wichtige zu sagen, ist schon eine echte Herausforderung, die Lena Reiner und Frederike Traube sehr gut meistern. Es fällt Ihnen sicherlich leichter, wenn Sie wissen, was in keinem Fall fehlen darf: Ihre Kontaktdaten, Ihr Arbeitsbereich und Ihr Kompetenzschwerpunkt. Weitere Optionen: Geburtsdatum, Schulabschluss und Ihr Berufswunsch, wenn es um einen Ausbildungsplatz geht, andernfalls: Ihr besonderes Mitarbeitsangebot.

---

### Reisen bildet
... und gute Reisekaufleute werden von Ihnen ausgebildet!

**Lena Reiner** – mein Name

**Reisekauffrau** – mein Ziel

Meine Profilcard – für Sie!

**Info zu meiner Person – auf der Rückseite**

### Person
geb. am 11.08.2001 in Frankfurt •
Schulabschluss 06/2017: Mittlere Reife •
Lieblingsfächer: Erdkunde, Englisch •
Hobbys: Segeln, Volleyball •

### Persönliches
aufgeschlossen, freundlich •
aufmerksam, kommunikativ •
sprachbegabt, humorvoll •

Ich freue mich sehr, wenn Sie meine
vollständige Bewerbung anfordern:
Raiffeisenstr. 2, 24148 Kiel
Tel. 0431 2724411 – lena@mail.de
www.lena-reiner.de

---

## Frederike Traube
Hotelbetriebswirtin (staatl. geprüft)

Breite Straße 33
18055 Rostock
Tel.: 0381 553834

## Schwerpunkte

Planung und Einkauf
Controlling
PR im Hotel- und Gaststättengewerbe
Fachberaterin für deutsche Weine

## Bewerbung per E-Mail

Bereits zwei Drittel aller Großunternehmen bevorzugen die Bewerbung übers Internet. Auch bei dieser Form der Bewerbung gelten dieselben Grundsätze wie bei der klassischen schriftlichen Bewerbung. Allerdings wird hier oftmals auf Zeugniskopien etc. verzichtet.

Gründliche Vorbereitung und sorgfältige Gestaltung sind auch bei Bewerbungen in digitaler Form unerlässlich. Immer wieder klagen Personalverantwortliche über die Flut unzulänglicher Bewerbungen in ihrem E-Mail-Postfach. Es gibt viele Fehlerquellen, die den Bewerber schon von vornherein in einem schlechten Licht erscheinen lassen. Wenn Sie sich aber Mühe geben, verbessern Sie Ihre Chance signifikant, denn auch online gilt: individuell auf den jeweiligen Arbeitgeber zugeschnitten, formal korrekt, inhaltlich knapp, klar und deutlich.

Völlig fehl am Platz wäre hier der lockere Ton, der sonst oftmals im Netz herrscht.

Eine Kurzbewerbung per E-Mail besteht aus einem Anschreiben, in dem Sie sich kurz vorstellen, Ihre Fähigkeiten und Kenntnisse darstellen, und einem Lebenslauf, der entweder direkt nach dem Anschreiben eingebaut (Variante 1, Seite 61) oder als Anlage angefügt wird (Variante 2, Seite 62).

Auf jeden Fall sollten Sie anbieten, ausführliche Unterlagen per E-Mail oder Post nachzusenden. Sie können natürlich auch gleich eine komplette Bewerbung per E-Mail senden (Variante 3, Seite 62).

Falls Sie über eine eigene Website verfügen sollten, weisen Sie auf die zusätzlichen Dokumente (z. B. Arbeitsproben, Referenzen etc.) hin, die sich Ihr Ansprechpartner dort ansehen und ggf. herunterladen kann. Dann sollte die Website allerdings den allgemeinen optischen Ansprüchen entsprechen. Vergessen Sie nicht, dem Empfänger entsprechende Angaben zum Benutzernamen und Passwort zukommen zu lassen.

### ⊗ Checkliste: Kurzformen

○ Richten Sie Ihre Mail an einen konkreten Ansprechpartner – verwenden Sie möglichst keine info@firma-Adressen.

○ Ihre persönliche E-Mail-Adresse sollte seriös klingen (z. B. vorname.name@provider.de) – geben Sie nicht Ihre Firmen-Mail-adresse an.

○ Auch Ihre E-Mail-Bewerbung muss individuell auf die angeschriebene Firma zugeschnitten sein.

○ Geben Sie in der Betreffzeile kurze, prägnante Schlagworte für den Adressaten an.

○ Dem Text für Ihr E-Mail-Anschreiben sollten dieselben Regeln zugrunde liegen wie dem eines klassischen Bewerbungsanschreibens:
  – kurz
  – gut strukturiert
  – aussagekräftig
  – formelle Anrede
  – korrekte Rechtschreibung und Grammatik

○ Schreiben Sie Ihre E-Mail als reinen Fließtext, benutzen Sie die Return-Taste nur am Absatzende. Verwenden Sie weder HTML-Formatierungen noch digitales Briefpapier.

○ Anlagen wie Lebenslauf und Zeugnisse werden im PDF-Format verschickt (nicht mehr als ein oder zwei Dateien anhängen).

○ Namen, Adresse, Telefon- und Faxnummer, E-Mail-Adresse und ggf. den Domainnamen Ihrer eigenen Website geben Sie am Ende Ihrer E-Mail-Bewerbung als Signatur an.

○ Wenn Sie nach spätestens fünf Tagen keine Antwort von der Kontaktperson erhalten haben, an die Sie Ihre E-Mail geschickt haben, sollten Sie telefonisch nachfragen, ob Ihre E-Mail angekommen ist.

---

## 4. Lerntest: Ihr Wissensstand über E-Mail-Bewerbungen

**LERNTEST**

Achtung! Es können auch mehrere Antworten richtig sein.

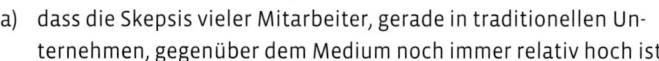

Was ist bei Bewerbungen per E-Mail insbesondere zu berücksichtigen?

a) dass die Skepsis vieler Mitarbeiter, gerade in traditionellen Unternehmen, gegenüber dem Medium noch immer relativ hoch ist

b) dass Sie nicht wissen, wer sich Ihre Bewerbung anschaut

c) dass Personalchefs Angst vor Viren haben

d) dass Sie nicht zu viele bzw. große Dateianhänge schicken sollten

Die richtige Lösung finden Sie auf Seite 63.

Lösung 3. Lerntest:

a) R: Unbedingt! Bereiten Sie so ein Telefonat gut vor!

b) F: Wenn Sie wirklich überzeugt sind, für die Position und Aufgabe der / die Richtige zu sein, lohnt sich ein Anruf oder ein weiteres Schreiben.

c) R: Doch es zahlt sich bestimmt aus!

Sie bekommen 2 Punkte für jede richtig gelöste Aufgabe.

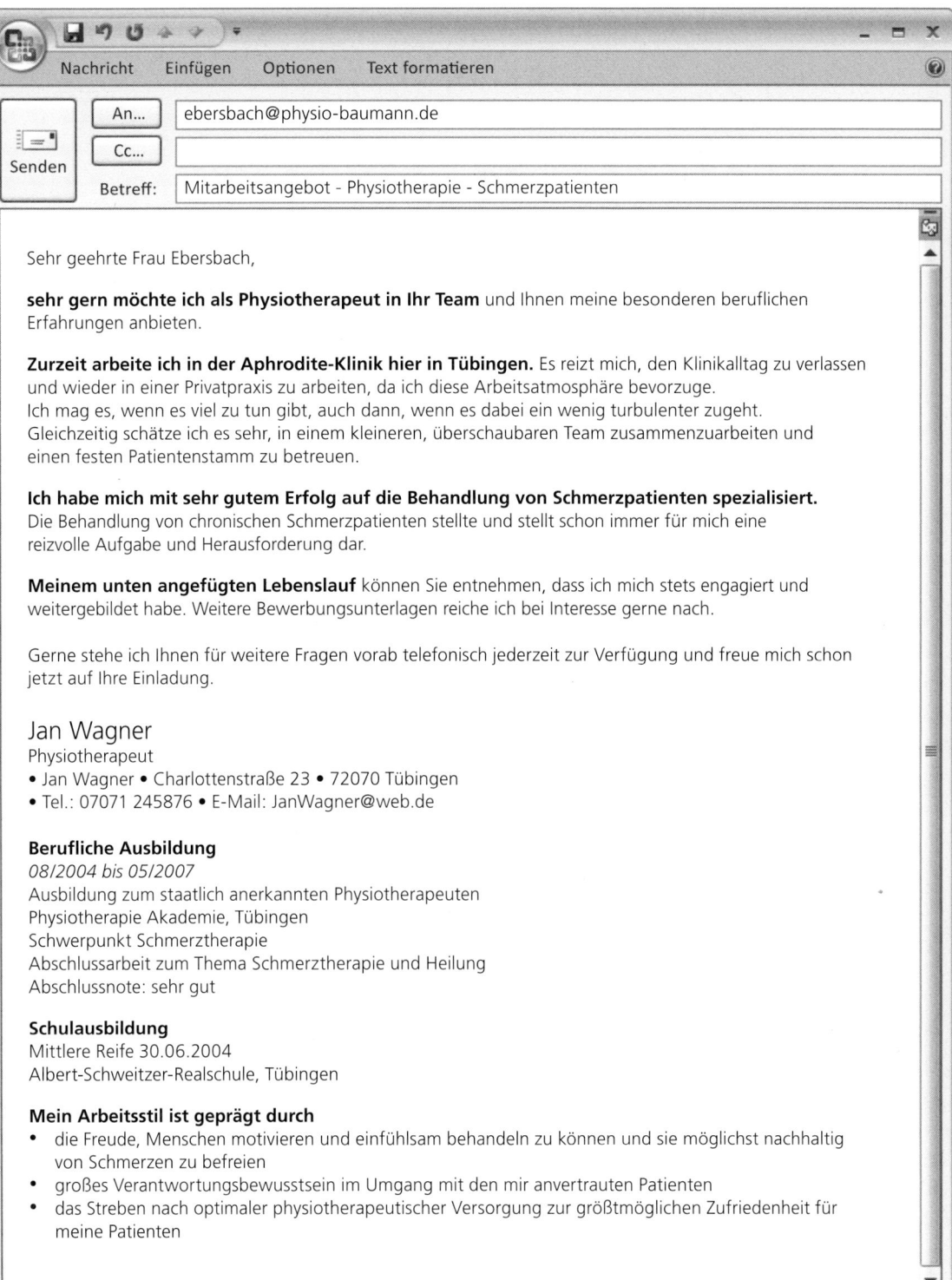

Sehr geehrte Frau Ebersbach,

**sehr gern möchte ich als Physiotherapeut in Ihr Team** und Ihnen meine besonderen beruflichen Erfahrungen anbieten.

**Zurzeit arbeite ich in der Aphrodite-Klinik hier in Tübingen.** Es reizt mich, den Klinikalltag zu verlassen und wieder in einer Privatpraxis zu arbeiten, da ich diese Arbeitsatmosphäre bevorzuge.
Ich mag es, wenn es viel zu tun gibt, auch dann, wenn es dabei ein wenig turbulenter zugeht.
Gleichzeitig schätze ich es sehr, in einem kleineren, überschaubaren Team zusammenzuarbeiten und einen festen Patientenstamm zu betreuen.

**Ich habe mich mit sehr gutem Erfolg auf die Behandlung von Schmerzpatienten spezialisiert.**
Die Behandlung von chronischen Schmerzpatienten stellte und stellt schon immer für mich eine reizvolle Aufgabe und Herausforderung dar.

**Meinem unten angefügten Lebenslauf** können Sie entnehmen, dass ich mich stets engagiert und weitergebildet habe. Weitere Bewerbungsunterlagen reiche ich bei Interesse gerne nach.

Gerne stehe ich Ihnen für weitere Fragen vorab telefonisch jederzeit zur Verfügung und freue mich schon jetzt auf Ihre Einladung.

Jan Wagner
Physiotherapeut
• Jan Wagner • Charlottenstraße 23 • 72070 Tübingen
• Tel.: 07071 245876 • E-Mail: JanWagner@web.de

**Berufliche Ausbildung**
*08/2004 bis 05/2007*
Ausbildung zum staatlich anerkannten Physiotherapeuten
Physiotherapie Akademie, Tübingen
Schwerpunkt Schmerztherapie
Abschlussarbeit zum Thema Schmerztherapie und Heilung
Abschlussnote: sehr gut

**Schulausbildung**
Mittlere Reife 30.06.2004
Albert-Schweitzer-Realschule, Tübingen

**Mein Arbeitsstil ist geprägt durch**
• die Freude, Menschen motivieren und einfühlsam behandeln zu können und sie möglichst nachhaltig von Schmerzen zu befreien
• großes Verantwortungsbewusstsein im Umgang mit den mir anvertrauten Patienten
• das Streben nach optimaler physiotherapeutischer Versorgung zur größtmöglichen Zufriedenheit für meine Patienten

**Jan Wagner / Bewerbung per E-Mail, Variante 1 (Kommentar auf Seite 63)**

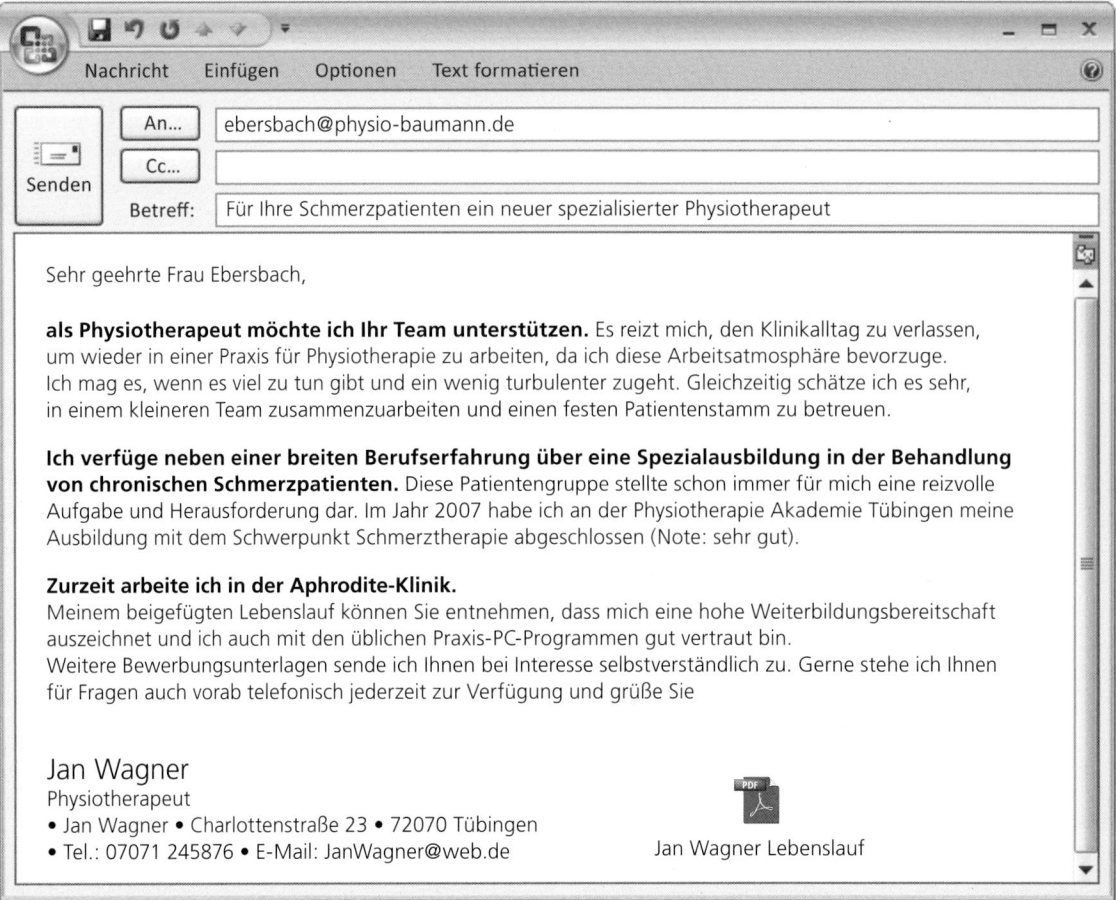

**Jan Wagner / Bewerbung per E-Mail, Variante 2 (Kommentar auf Seite 63)**

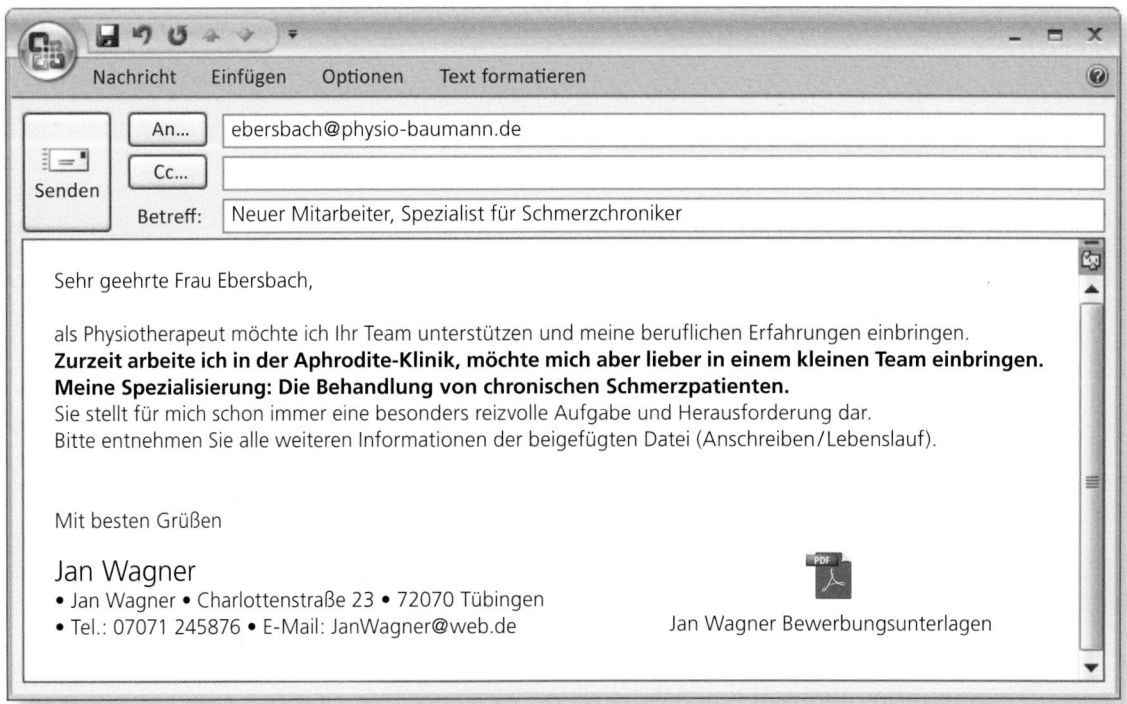

**Jan Wagner / Bewerbung per E-Mail, Variante 3 (Kommentar auf Seite 63)**

**Kommentar zur Mail-Variante 1**
**Insgesamt:** Sehr schöne Gliederung! Form, Gestaltung, Inhalt und Botschaften sehr gut gelungen. Angehängte Daten des Werdeganges gut lesbar, alles sehr informativ, trotzdem kompakt!
**Betreffzeile:** Schon etwas außergewöhnlich!
**Anrede:** Namentlich und damit schon mal gut.
**Start:** Sehr schön gelungener Einstieg!
**Erstes Drittel:** Wirklich gut getextet!
**Inhaltlich:** Alles prima, macht neugierig!
**Abschluss:** Gut getextet, interessante Botschaften auch am Ende, besser als die »falsche« Unterschrift wäre eine eingescannte Unterschrift.
**Abbinder:** Name, Adresse, fast alles vorhanden (bis auf die Berufsbezeichnung)! Interessante Abfolge: Der Abbinder steht nicht wie üblich zum Schluss.
**Hinweis zum Anhang:** Diese Form der Mail zur ersten Kontaktaufnahme benötigt keinen Anhang.

**Kommentar zur Mail-Variante 2**
**Insgesamt:** Schöne Form, guter Inhalt, interessante Gestaltung mit sparsamen Fettungen, die das Auge sehr gut leiten. Sehr informativ!
**Betreffzeile:** Geschickt – die Patienten stehen im Zentrum!
**Anrede:** Namentlich und damit schon mal gut!
**Start:** Gelungener Einstieg, nicht floskelhaft!
**Erstes Drittel:** Ist gut getextet.

**Inhaltlich:** Macht neugierig auf mehr.
**Abschluss:** Gut getextet und sehr schöne Unterschrift, wenn auch nicht echt …
**Abbinder:** Name, Adresse, Berufsbezeichnung – alles vorhanden!
**Hinweis zum Anhang:** Der Anhang enthält den Lebenslauf.

**Kommentar zur Mail-Variante 3**
**Insgesamt:** Sehr schöne Kurzform und guter Inhalt. Angenehm sparsam in den Fettungen. Absolut informativ bei wirklich wenigen Zeilen.
**Betreffzeile:** Unspektakulär, klassisch, aber vollkommen ausreichend.
**Anrede:** Namentlich und damit schon mal gut.
**Start:** Guter, gelungener Einstieg, überhaupt nicht floskelhaft!
**Inhaltlich:** Absolut ausreichend, macht neugierig auf mehr.
**Abschluss:** Vollkommen ausreichend, gut getextet und sehr schöne Unterschrift, wenn auch nicht »echt« – besser wäre natürlich, die Unterschrift einzuscannen.
**Abbinder:** Name, Adresse, leider fehlt die Berufsbezeichnung.
**Hinweis zum Anhang:** Der Anhang enthält Anschreiben und Lebenslauf.

# DIE EIGENE WEBSITE

Ein Trend, der aus den USA kommt, ist, Bewerbungsinformationen auf der eigenen Website zur Verfügung zu stellen. Hier sind alle wesentlichen Informationen jederzeit abrufbar online zur Verfügung gestellt. Ihrem potenziellen Arbeitgeber brauchen Sie dann nur noch die Webadresse mitzuteilen, unter der er sie sich in Ruhe ansehen kann.

Wenn Sie Ihre Bewerbung per E-Mail verschicken, verlinken Sie am besten direkt auf Ihre Homepage.

Wenn Sie vorhaben, eine anspruchsvollere Website zu erstellen, helfen Ihnen spezielle Programme, aber auch fertige Provider-Webdesign-Pakete, um hier selbst etwas zu kreieren. Für relativ wenig Geld (ab 100 Euro) hilft Ihnen auch ein Profi.

**5. Lerntest: Bringen Sie die folgenden Antworten in die richtige Reihenfolge! Das Allerwichtigste zuerst …**

Ordnen Sie die Vorteile des Internets für Ihre Initiativbewerbung nach der Wichtigkeit.

a) der Austausch mit anderen Bewerbern
b) die Suche nach Hintergrundinformationen über Arbeitsmärkte
c) die Suche nach Informationen über Arbeitgeber
d) die Suche nach Kontaktpersonen in der Wunschfirma
e) die Kontaktaufnahme

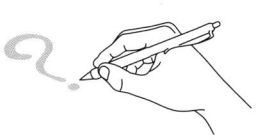

Die richtige Lösung finden Sie auf Seite 71.

Lösung 4. Lerntest: c, d. Sie bekommen jeweils zwei Punkte für die Auswahl von c und d.

Wichtig: Überlegen Sie genau, wen Sie damit ansprechen wollen.

Natürlich ist es gerade bei einer Website wichtig, dass sie gut gestaltet ist, allerdings geht es hier auch um den Inhalt.

Ihre Seite sollte folgende Informationen enthalten:

- Die Kurzvorstellung – hier beantworten Sie folgende Fragen:
  - Wer bin ich?
  - Wo wohne ich?
  - Was mache ich beruflich?
  - In welchem Bereich liegt mein besonderes Know-how?
  - Welche Stelle strebe ich an?
  - Wie kann man mich telefonisch oder per E-Mail erreichen?
- Den Lebenslauf – achten Sie bei der Formatierung darauf, dass er ausgedruckt werden kann.
- Einen Bereich mit Zeugnissen – auch diese sollten so vorbereitet sein, dass sie gut ausgedruckt werden können.
- Evtl. eine Seite mit Arbeitsproben und/oder Referenzen.

Als Anleitung und Orientierung kann Ihnen auch das dienen, was wir auf den Seiten 40 ff. zu den Stellengesuchen aufgeführt haben.

In Ihren schriftlichen Bewerbungsunterlagen weisen Sie dann – beispielsweise auch mittels eines QR-Codes – auf Ihre Seite im Internet hin. Der QR-Code (engl. quick response, schnelle Antwort), ist eine Methode, Informationen so aufzuschreiben, dass diese maschinell (z. B. per Handy) schnell gefunden und eingelesen werden können.

Argumente wie »Der Entscheider hat doch dafür keine Zeit ...« sind nicht stichhaltig. Heutzutage wird fast jeder Bewerber gegoogelt. Ergo: Ganz sicher hat man Zeit, sich mit Ihnen – wenn Sie denn Interesse auslösen – bereits vorab zu beschäftigen! Spätestens, wenn man Sie im Vorstellungs-/Erstgespräch kennenlernen will bzw. kennengelernt hat.

---

Sandra Schelling
Beruflicher Hintergrund
Ausbildung
Besondere Kenntnisse
Philosophie
Ich über mich
Download

**Sandra Schelling**

Willkommen auf meiner Bewerbungshomepage, auf der Sie Informationen über mich und meine beruflichen Fähigkeiten finden. Zögern Sie nicht, mich persönlich zu kontaktieren. Ich freue mich über Ihren Anruf oder Ihre E-Mail.

**Anschrift**
Ferdinand-von-Schill-Str. 2
10231 Berlin

**Geburtsdatum**
30. 06. 1986

**Kontakt**
+ 49 30 2159442
s.schelling @ gmx.de

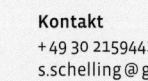

@ e-mail I impressum

## Bewerbungswebsite von Christian Plaath

| Lebenslauf | Zeugnisse | Arbeitsproben |

◊ Hotelfachwirt

◊ derzeit: Bankettchef
(internationaler Hotelkette)

◊ langjährige Erfahrung
im Ausland (England, Japan)

◊ **Ziel:** Operation Manager
in mittelgroßem Hotelbetrieb

E-Mail: *chris.plaath@gmx.de*
Impressum

---

## Bewerbungswebsite von Marga Scholz
Medizinische Bademeisterin

Lebenslauf

Zeugnisse

Persönliches

E-Mail: *mscholz@gmx.de*
Impressum

# SICH FINDEN LASSEN – DIGITALER AUFTRITT IN BUSINESS-COMMUNITYS

### Ihr Einstieg in eine Business-Kontaktbörse

Suchen Sie sich eine Business-Kontaktbörse aus, die von Ihren Kunden, Auftraggebern oder typischerweise auch Wuncharbeitsplatzanbietern wirklich genutzt wird, und hinterlegen Sie dort Ihr Profil (Beispiel siehe Seite 67 f.). Beachten Sie, dass die Informationen genau zu Ihrem beruflichen Hintergrund passen bzw. so gestaltet sein sollten, dass sie Ihren schriftlichen Bewerbungsunterlagen entsprechen. Dazu gehören immer ein passendes Foto in angemessener Kleidung sowie eine Auflistung der relevanten beruflichen Stationen. Vermeiden Sie in Ihrem Profil (das ja keinesfalls ein lückenloser Lebenslauf sein soll) die Erwähnung von unvorteilhaften beruflichen Informationen, wie z.B. mehrere kurzzeitige Beschäftigungsverhältnisse oder Zeiten der Arbeitslosigkeit. Überlegen Sie vorher genau, was Sie von sich erzählen und welche Freunde oder Bekannte Sie in Ihrem Kontaktnetzwerk aufführen wollen.

Seien Sie wählerisch, was die intensiver gepflegten Kontakte angeht. Eine hohe Anzahl an Kontakten innerhalb eines solchen Netzwerks kann auch mit einer gewissen Wahllosigkeit und Beliebigkeit einhergehen und verfehlt so das eigene Ziel. Und eins ist klar: Kontakte, die im Internet hergestellt werden und sich vielversprechend anlassen, müssen recht bald durch eine persönliche Begegnung intensiviert werden. Das gilt natürlich besonders für den Bewerbungsprozess.

**Unser Tipp:** Nutzen Sie Ihr Profil in einer Business-Community für Bewerbungen innerhalb dieser Portale, aber auch außerhalb. Integrieren Sie beispielsweise den Link zu Ihrem öffentlich einsehbaren Community-Profil in Ihre E-Mail-Signatur. Und selbst auf Ihrer Visitenkarte könnte ein nicht zu komplizierter Profillink stehen. Im Rahmen von Initiativbewerbungen kann beim Telefonat vorab, nach erfolgreich geweckter Neugier, der Hinweis zum aussagekräftigen Profil übermittelt werden und Ihr Gesprächspartner hat unmittelbar und direkt einen Einblick in Ihren beruflichen Werdegang, in das, was Sie ihn von sich wissen lassen wollen.

Generell empfehlen wir, sich mit dem Thema Business-Communitys zu beschäftigen. Mit einem Profil in einer Business-Community erleichtern Sie Personalern den Zugang zu Ihren beruflichen Profilinformationen und gleichzeitig auch die direkte Kontaktaufnahme via Internet. Hinzu kommt, dass Sie selbst sehr interessante Firmendaten – wenn die Firma dort gelistet ist – recherchieren können und dann direkt auch die Ansprechpartner bzw. Personaler dieser Firma über deren Profil kennenlernen können.

### Profilfoto

Absolut wichtig ist Ihr Profilfoto. Unterschätzen Sie nicht die Macht der Bilder. Ein Foto weckt beim Betrachter auf Anhieb Sympathie – oder auch leider Antipathie. Kein Foto einzustellen bedeutet etwa bei einem XING-Profil: 50 Prozent weniger Kontakte, weniger auffallen und wohl etwa 50 Prozent weniger Erfolg bei allem, was Sie mit Ihrem Foto verbinden. Daher ist gerade hier höchste Sorgfalt angezeigt.

### Sonstige Angaben wie Auslandsaufenthalte, Hobbys, Engagements, Interessen und mehr

Interkulturelle Kompetenz und Sprachkenntnisse zählen zu den bevorzugten Schlüsselqualifikationen. Berichte über Auslandsaufenthalte gehören, insbesondere wenn fachbezogen, ausführlich beschrieben in Ihr Profil sowie auf Ihre Homepage und in Ihre Vita. Die Angabe von wenigen, ausgewählten Hobbys macht Ihr Profil interessanter.

### Arbeitsproben

Nutzen Sie die Chance, in Ihrem Profil (aber auch auf der eigenen Homepage) auf Arbeitsproben zu verweisen. Auch Fotos produzierter Dinge sind evtl. eine angemessene Lösung. Aber erlegen Sie sich etwas Zurückhaltung auf – es sei denn, es erscheint Ihnen angemessen, auf bestimmte Dinge hinzuweisen, die Sie initiiert oder geschaffen haben (etwa Buchpublikationen oder Fachartikel, unter Umständen auch Ihre Abschluss- und/oder Doktorarbeit, eines Ihrer Produkte, Arbeiten, die einen Fachpreis erhalten haben usw.).

### Kommentar zum Profil auf den nächsten Seiten

Lars Lehmann kommt sympathisch rüber – das freundliche Profilfoto, der vernünftige Spruch, die Abfolge seiner Berufsstationen vermitteln einen interessanten, positiven Eindruck. Unter der Rubrik »Ich biete« stehen sorgfältig ausgewählte Keywords. Zwei Hobbys oder Interessen wirken sympathisch. Insgesamt ein gut gestalteter Auftritt in einer Business-Community.

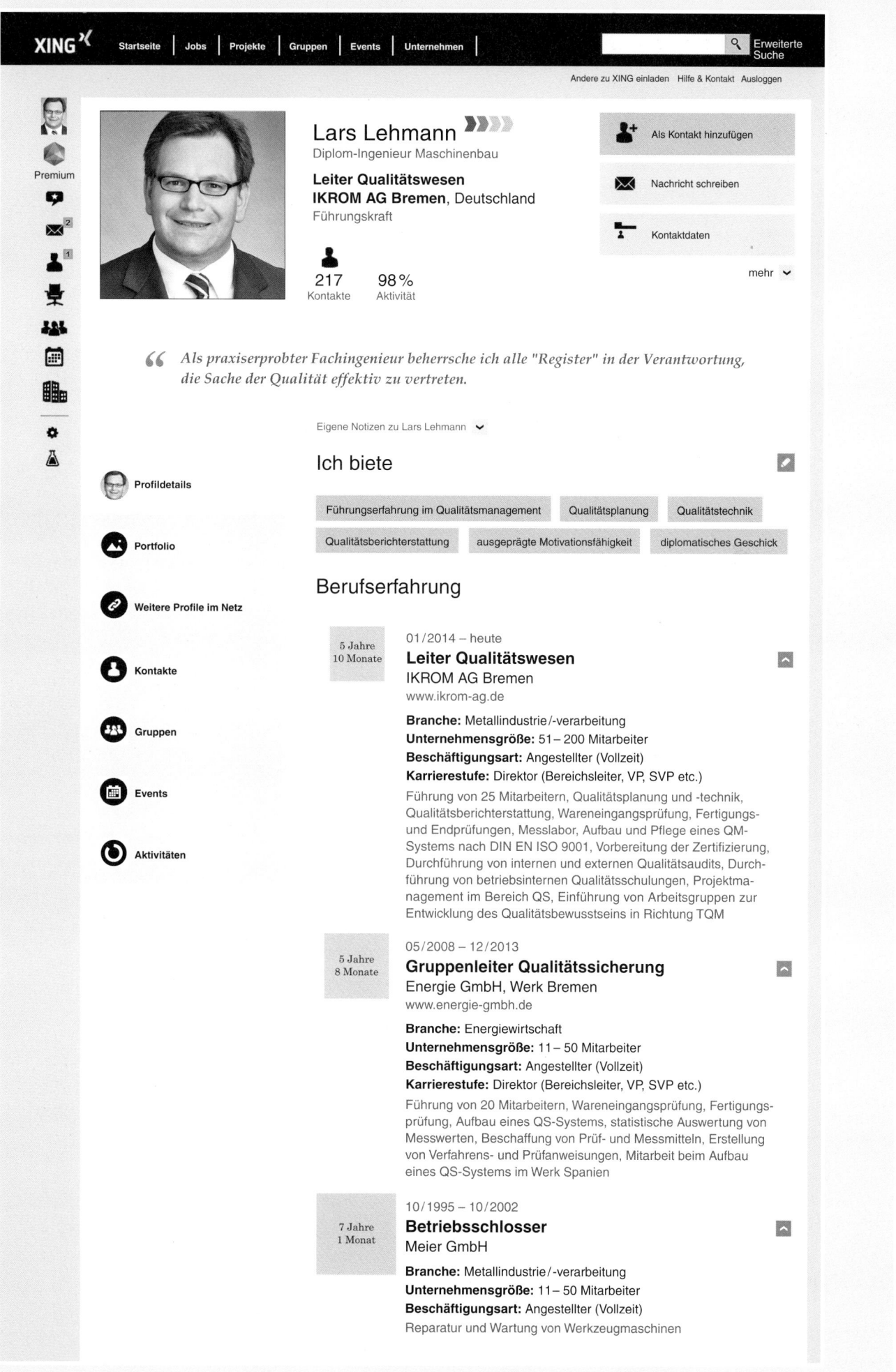

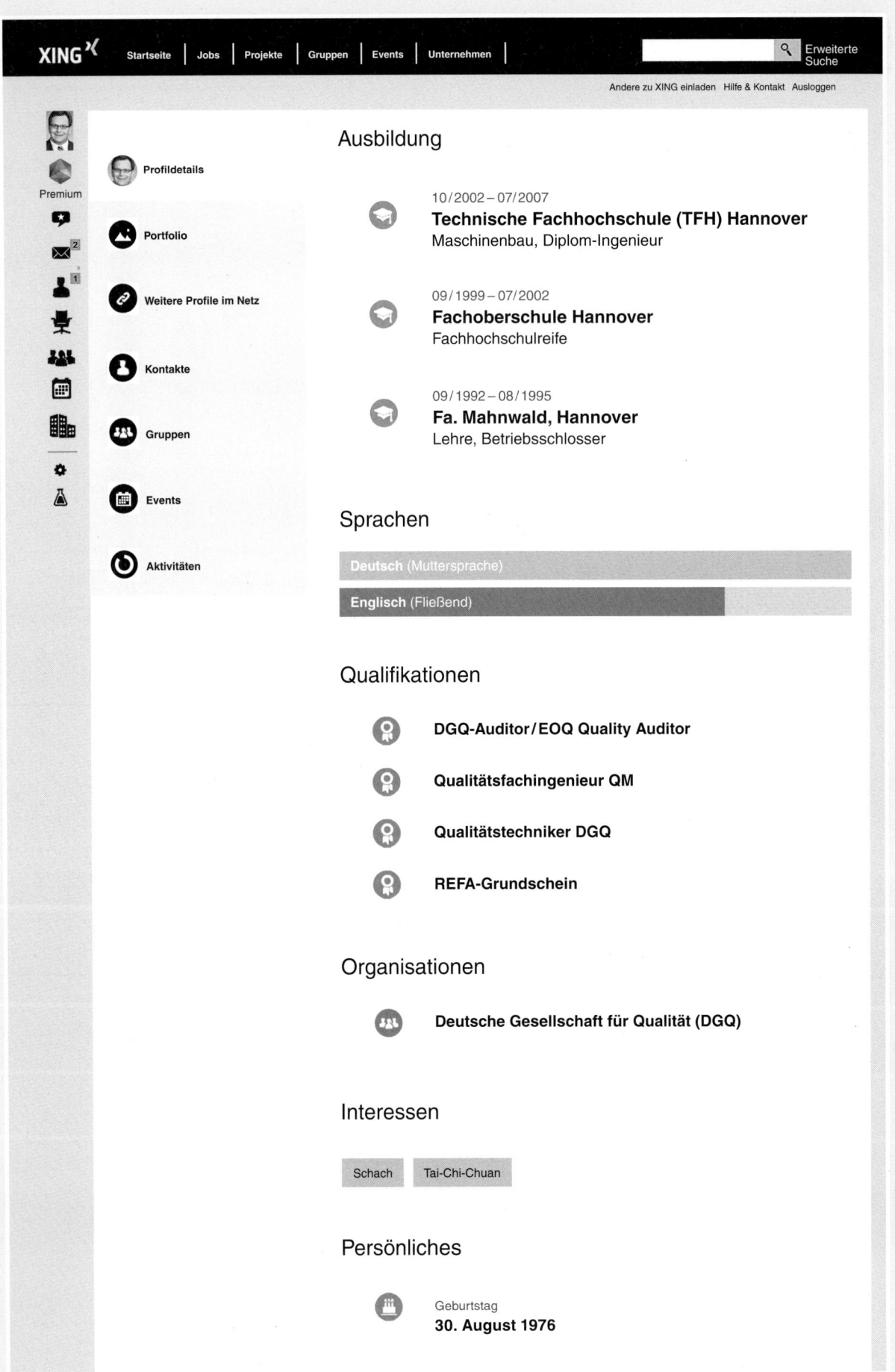

# XING

Startseite | Jobs | Projekte | Gruppen | Events | Unternehmen |

Erweiterte Suche

Andere zu XING einladen   Hilfe & Kontakt   Ausloggen

Premium

Profildetails

Portfolio

Weitere Profile im Netz

Kontakte

Gruppen

Events

Aktivitäten

## Ausbildung

10/2002 – 07/2007
**Technische Fachhochschule (TFH) Hannover**
Maschinenbau, Diplom-Ingenieur

09/1999 – 07/2002
**Fachoberschule Hannover**
Fachhochschulreife

09/1992 – 08/1995
**Fa. Mahnwald, Hannover**
Lehre, Betriebsschlosser

## Sprachen

**Deutsch** (Muttersprache)

**Englisch** (Fließend)

## Qualifikationen

**DGQ-Auditor/EOQ Quality Auditor**

**Qualitätsfachingenieur QM**

**Qualitätstechniker DGQ**

**REFA-Grundschein**

## Organisationen

**Deutsche Gesellschaft für Qualität (DGQ)**

## Interessen

Schach     Tai-Chi-Chuan

## Persönliches

Geburtstag
**30. August 1976**

**Lars Lehmann / XING-Profil (Kommentar auf Seite 66)**

# Ihre Bewerbungsunterlagen

Bevor Sie Ihre Bewerbungsinitiative starten, sollten Sie die Unterlagen, mit denen Sie über Ihre Problemlösungsfähigkeiten und Ihr Mitarbeitsangebot Auskunft geben, so konzipiert haben, dass sie in kürzester Wahrnehmungszeit einen vielversprechenden Eindruck machen und beim Empfänger den Wunsch auslösen, Sie kennenzulernen.

Denn: Ihre schriftliche Bewerbung soll Ihre Eintrittskarte zum Vorstellungsgespräch werden. Ein, zwei Blicke darauf müssen genügen, um so viel Interesse zu wecken, dass man mit Ihnen Kontakt aufnimmt (vgl. Seite 38 »AIDA-Formel«).

Keine Angst, es ist gar nicht so schwer, wie es Ihnen jetzt vielleicht noch erscheinen mag, eindrucksvolle Bewerbungsunterlagen zu erstellen.

Zeit jedoch sollten Sie schon dafür aufbringen: Planen Sie etwa eine Woche ein, um Ihre Unterlagen auf Vordermann zu bringen. Dabei sollte Ihnen klar sein: Für jeden Arbeitsplatz, um den Sie sich bemühen, müssen Sie wahrscheinlich eine neue Bewerbung zusammenstellen – zumindest aber Ihren Lebenslauf und Ihr Anschreiben »anpassen«.

## Informieren Sie sich

Versuchen Sie, sich so gut und gründlich wie möglich über das Unternehmen zu informieren, bei dem Sie sich bewerben. Dann haben Sie schon einen deutlichen Vorsprung gegenüber anderen Mitbewerbern.

- Fragen Sie bei der Pressestelle oder PR-Abteilung des Unternehmens, ob man Ihnen Informationsmaterial zusenden kann, oder bieten Sie an, es persönlich abzuholen.
- Nehmen Sie Kontakt mit der Industrie- und Handels- oder Handwerkskammer auf, und fragen Sie auch dort nach Informationen.
- Besuchen Sie die Internetpräsenz des Unternehmens.

**With a little help of our friends**

*Das größte Problem waren für mich die Bewerbungsunterlagen. Ich hatte eine richtige Abneigung davor, wusste aber auch, ohne geht es nicht. Meine Schwierigkeit bestand vor allem darin, für das, was ich alles mitteilen wollte, eine angemessene Form zu finden. Lange dokterte ich selbst daran herum, aber die Ergebnisse waren eher unbefriedigend. Schließlich halfen mir zwei Leute. Der eine hatte inhaltlich gute Ideen, insbesondere wie man was zusammenfasst und was getrost draußen bleiben kann, der andere war ein Profi in Sachen grafischer Darstellung. Dank dieser Unterstützung kam auch ich zu einer wunderbaren Bewerbung, die nicht 08/15 war, sondern wirklich ein echter Eyecatcher. Von vier Aussendungen bekam ich zwei Einladungen!*

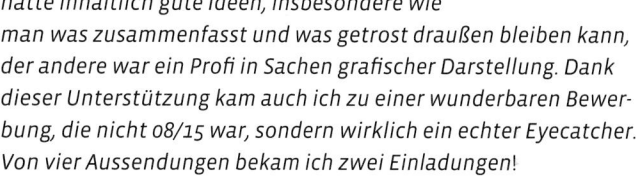

- Recherchieren Sie auch im Internet, und lesen Sie Zeitungsartikel und andere Veröffentlichungen über das Unternehmen.

Auf diese Weise werden Sie den Arbeitgeber mit Ihrem Engagement beeindrucken, denn nur wenige Bewerber zeigen ein so deutliches Interesse. Viele Kandidaten wissen so gut wie nichts über den Betrieb, das Unternehmen oder die Institution, in der sie sich bewerben.

Sie können sich auch bei Freunden erkundigen, ob diese jemanden kennen, der in besagter Firma arbeitet oder gearbeitet hat. Ein ungezwungenes Treffen, vielleicht eine Verabredung zum Kaffeetrinken, ist sicherlich ebenfalls ein guter Weg, sich über ein Unternehmen zu informieren (vgl. »Networking«, Seite 30).

**Die Bewerbungsunterlagen beinhalten:**

- das Anschreiben zur Bewerbung
- Ihren Lebenslauf (eigentlich Ihr beruflicher Werdegang)
- ein aktuelles Foto
- die Kopien Ihrer Zeugnisse und Bescheinigungen

Dazu können weitere Anlagen kommen: Bescheinigungen über besondere Fortbildungskurse, Seminare, evtl. eine Dritte Seite (siehe Seite 88 f.), manchmal eine Handschriftenprobe, in seltenen Fällen Referenzen/Empfehlungen.

## DER AUFBAU IHRER BEWERBUNGSUNTERLAGEN

Hier zeigen wir Ihnen die besten Möglichkeiten, wie Sie Ihre Unterlagen zusammenstellen. Diese Empfehlungen gelten unabhängig davon, ob Sie Ihre Bewerbung per Post oder E-Mail verschicken.

Dem Anschreiben folgt ein Deckblatt, danach der Lebenslauf und eine Übersicht über die Anlagen. Dann werden die Zeugniskopien und Bescheinigungen beigefügt.

### Die einfache Version

Das ist die allgemein übliche Form. Das Anschreiben eröffnet die Bewerbungsunterlagen, dann folgen ein oder zwei Seiten Lebenslauf, zum Schluss kommen die Anlagen: Zeugnisse und Bescheinigungen.

### Eine ausführlichere Version

### Eine besondere Version

Nach dem Anschreiben folgen das Deckblatt, ein bis zwei Seiten Lebenslauf, danach die Dritte Seite (mehr dazu auf Seite 88 f.), zum Schluss wieder eine Anlagenübersicht und die üblichen Anlagen.

Ihre Bewerbungsunterlagen können lediglich ein bis zwei, aber auch 10 Seiten umfassen. Alles ist erlaubt – es muss jedoch sinnvoll und übersichtlich angeordnet sein. Welche dieser Möglichkeiten für Sie die beste ist, können nur Sie selbst beurteilen:

- Sollen meine Unterlagen ein Deckblatt haben?
- Will ich dort schon ein Foto von mir platzieren?
- Habe ich so viele Anlagen, dass ich ein Anlagenverzeichnis beifügen möchte?
- Habe ich Besonderes mitzuteilen, das auf einer Dritten Seite Platz findet? usw.

Machen Sie für sich selbst eine Skizze, damit Sie entscheiden können, welche Variante für Sie infrage kommt und was Sie auf welcher Seite unterbringen wollen.

Sehen Sie sich auch die Beispiele in diesem Buch an. Dann wird Ihnen die Entscheidung vielleicht leichter fallen.

### 6. Lerntest: Ihr Wissensstand über die schriftliche Bewerbung

Achtung! Es können auch mehrere Antworten richtig sein.

Welche Hauptaufgabe haben Ihre Bewerbungsunterlagen (egal ob klassisch oder digital)? Sie sollen ...

a) überzeugen
b) beeindrucken
c) eine Einladung zum Vorstellungsgespräch bewirken
d) eine Kontaktaufnahme mit Ihnen (Telefon, Mail, SMS) bewirken

Die richtige Lösung finden Sie auf Seite 85.

Lösung 5. Lerntest: c, b, d, e, a. Für jede richtige Platzierung erhalten Sie zwei Punkte.

# DER LEBENSLAUF (BESSER: DER BERUFLICHE WERDEGANG)

Der Lebenslauf ist das »Herzstück« jeder Bewerbung. Am besten, Sie fangen damit an, denn den Lebenslauf brauchen Sie immer wieder.

Ein Personalchef wird sich bei Ihrem Lebenslauf vor allem für Ihren »beruflichen Werdegang« interessieren, weniger für Ihr »wirkliches« Leben oder Ihre allgemeinen Lebensumstände.

Deshalb: Stellen Sie Ihren Berufsweg so dar, dass er gut zum Unternehmen und den Anforderungen des von Ihnen angestrebten Arbeitsplatzes passt.

### Bieten Sie etwas Besonderes

Durch welche Kenntnisse und Erfahrungen heben Sie sich von anderen möglichen Bewerbern ab? Stichwort Alleinstellungsmerkmal, Ihr USP: Vielleicht haben Sie ja einen Lkw-Führerschein, spezielle PC-Kenntnisse, bekleiden ein Ehrenamt, haben Auslandsaufenthalte vorzuweisen, gehen einem interessanten Hobby nach oder beherrschen Fremdsprachen.

All diese Angaben sollten Sie möglichst gut an die Anforderungen des Jobs, für den Sie sich selbst empfehlen, anpassen. Vermeiden Sie dabei, zu sehr zu übertreiben. Das kostet Zeit und Kraft und lohnt sich sehr wahrscheinlich nicht!

Vergessen Sie beim Schreiben nicht: Wenn Sie zum Vorstellungsgespräch eingeladen werden, wird man Sie auf Ihren Lebenslauf ansprechen.

### Der Inhalt

Zunächst sollten Sie alle notwendigen Daten zusammentragen.

### Persönliche Daten
- Vor- und Zuname
- Anschrift mit Telefon und E-Mail-Adresse
- Geburtsdatum und -ort
- evtl. Staatsangehörigkeit
- evtl. Familienstand (die Angabe ist freiwillig, »verheiratet« oder »unverheiratet« reicht aus)
- ortsunabhängig/mobil/Reisebereitschaft

Ihre Staatsangehörigkeit geben Sie nur an, wenn Sie die deutsche Staatsbürgerschaft nicht haben oder wenn Sie einen ausländisch klingenden Namen tragen.

Dazu können weitere freiwillige Angaben kommen:

- Zahl und Alter der Kinder (besser nur, wenn die Kinder schon älter sind)
- Religionszugehörigkeit – nur wenn Sie sich um eine Stelle bei einer kirchlichen Einrichtung bewerben, sonst ist das eher nicht üblich
- Name und Beruf des Ehepartners (wenn er in der gleichen Branche arbeitet)
- Name und Beruf der Eltern sind nur noch bei sehr jungen Bewerbern üblich (unter 20-Jährige)

### Ihre Schulausbildung

- Schultypen und Ort (Grundschule nur bei sehr jungen Bewerbern)
- Schulabschluss (bei jüngeren Bewerbern evtl. mit Abschlussnote)
- alle Informationen mit Zeitangabe (Jahreszahlen reichen aus)

### Berufsausbildung

- Ausbildungsberuf
- Abschluss mit Berufsbezeichnung (evtl. mit Hinweis auf besonderen Erfolg)
- Ausbildungsfirma/-institution (evtl. mit Ortsangabe)
- alle Informationen mit Zeitangaben

### Berufspraxis

- Arbeitgeber mit Ortsangaben
- Berufsbezeichnung, Position und Aufgabenbereich, evtl. mit Kurzbeschreibung und Erfolgen
- die Reihenfolge der ersten beiden Punkte kann auch umgekehrt sein (erst Sie und Ihre Position/ Aufgabe, dann das Unternehmen)
- Tätigkeiten, die länger als zehn Jahre zurückliegen, nur grob benennen, zusammenfassen oder weglassen, außer wenn sie von wesentlicher Bedeutung sind
- alle Informationen mit Zeitangaben

### Praktika

- Angaben wie oben, wenn Sie sie nicht schon bei der Berufspraxis angeführt haben, diese dürfen aber keine fünf Jahre zurückliegen.

### Was Sie noch anführen sollten

Damit sich ein Personalchef ein gutes Bild von Ihnen machen kann, sollten Sie noch etwas mehr von sich selbst erzählen. Geben Sie praktische Tätigkeiten an, berufliche und außerberufliche Weiterbildungen. All diese Angaben sollten eine sinnvolle Ergänzung zu der Stelle sein, auf die Sie sich bewerben. Wenn Sie sich z. B. um eine Stelle als Sekretärin

bemühen, dann macht es sich gut, wenn Sie einen Kurs für die neuesten Textverarbeitungsprogramme absolviert haben.

Mit den folgenden Informationen runden Sie das Bild ab, das Sie von Ihrer Persönlichkeit geben möchten. Dazu gehören Ihre besonderen Kenntnisse, Hobbys und Interessen.

### Weiterbildung

- berufliche Kurse, Seminare, Workshops (wenn sie für Ihre zukünftige Arbeit von Bedeutung sind), jeweils mit Veranstalter und Titel/Inhalten
- außerberufliche Kurse (wenn sie für Ihre zukünftige Arbeit von Bedeutung sind, z. B. Sprachkurse oder Kurse zu Arbeitstechniken), jeweils mit Veranstalter und Titel/Inhalten

### Besondere Kenntnisse

- Fremdsprachen (möglichst mit Angaben, ob fließend, Grundkenntnisse usw.)
- EDV-/PC-Kenntnisse (Bereiche, z. B. Textverarbeitung, evtl. die Programmbezeichnung)
- Führerschein mit Klasse

### Sonderinformationen

- Auslandsaufenthalt (ab drei Monaten)
- ggf. Wehr- oder Ersatzdienst (damit schließen Sie Lücken in Ihrem Lebenslauf)
- ggf. Familienphase/Kindererziehung (damit schließen Sie Lücken in Ihrem Lebenslauf)

### Hobbys/Interessen, ehrenamtliche Tätigkeiten

- können entscheidend sein, um ein Bild Ihrer Persönlichkeit zu zeigen
- sollten halbwegs zur Bewerbung um diesen Arbeitsplatz und zu den Persönlichkeitsmerkmalen, die man sich von einem zukünftigen Stelleninhaber wünscht, passen. Beispiele: Buchhalterin – Sammlerin, Kfz-Mechaniker – Hobbybastler, Sachbearbeiter – Schachspieler, Fremdenführer – Theaterfan …

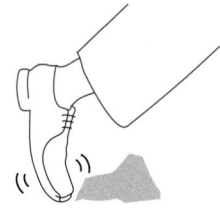

**Die 6 größten Gefahren**

- Die Phase der Vorbereitung zu unterschätzen, nicht ernsthaft genug die Recherche über Unternehmen und Markt zu betreiben
- An ganz kleinen vermeidbaren, auch formalen Fehlern zu scheitern
- Zu außergewöhnlich kreative oder zu langweilige Bewerbungsunterlagen zu erstellen
- Zu selbstverliebt rüberzukommen
- Zu schnelles Aufgeben, zu geringe Frustrationstoleranz
- Bei seinem Vorhaben Opfer der eigenen Flüchtigkeit und Unkonzentriertheit zu werden

## Formales

Der Lebenslauf muss vor allem gut strukturiert und schnell verständlich sein. Er wird tabellarisch mit dem PC (in ganz besonderen Fällen per Schreibmaschine) geschrieben. Sehr häufig: In der ersten Spalte stehen Datums- bzw. Zeitangaben, in der zweiten führt man die ausgeübte Tätigkeit bzw. Beschäftigung an.

Mit der Hand wird ein Lebenslauf heute eigentlich nur noch auf ausdrücklichen Wunsch geschrieben, aber Ausnahmen bestätigen die Regel – soll heißen:

Wenn Sie eine sehr schöne, gut lesbare Handschrift haben, dürfen Sie es sogar per Hand machen. Besser nicht alles, sondern nur Teile – wichtig ist, dass Sie sogar dabei ziemlich frei in Ihrem Gestaltungsspielraum sind.

## Die Länge

Ein Lebenslauf ist eine bis höchstens drei Seiten lang (in Ausnahmen auch vier). Die Regel, dass er nur eine Seite lang sein darf, gilt schon lange nicht mehr! Und dennoch: Bei Ihrer Initiativbewerbung sollten Sie darauf achten, sich auch hier möglichst kurz zu fassen.

## Die Zeitangaben

Bei den Zeitangaben können Sie unterschiedliche Formen wählen. Liegt die angegebene Tätigkeit mehr als fünf Jahre zurück, reichen zumeist Jahreszahlen, bei späteren Beschäftigungen können Sie die Monate und Jahre (z. B. 3/2006 – 7/2008 oder März 2006 – Juli 2008) angeben.

## Die Unterschrift

Am Ende des Lebenslaufs stehen Ort und Datum ohne »den« (also z. B. Berlin, 15. März 2017), entweder getippt oder handgeschrieben. Darunter unterschreiben Sie den Lebenslauf, traditionell in blauer Tinte und halbwegs leserlich. Das wird häufig vergessen oder ist nicht im Bewusstsein des Bewerbers. Leider ein ziemlich schlimmer Fehler! Mit der Unterschrift signalisieren Sie: Ich stehe zu diesen Angaben.

## Das Foto

Das Foto kann traditionell oben rechts platziert werden. Mehr zum Foto finden Sie auf Seite 86. Seine Wirkung als Sympathieträger kann gar nicht bedeutend genug eingeschätzt werden – es ist sehr wichtig für Ihre Initiativbewerbung.

Bei Ihrem Lebenslauf geht es nicht um den Verlauf Ihres Lebens, sondern um Ihren beruflichen Werdegang, heute eher in der modernen Form präsentiert, vom Aktuellen in die Vergangenheit. Aber auch Ihre Hobbys, Interessen, Engagements sagen etwas über Sie als Menschen aus. Ihre Persönlichkeit ist einer der wichtigsten Weichensteller bei Ihrem Bewerbungsvorhaben.

## Die Gliederung

Es hat sich bewährt, den Lebenslauf in unterschiedliche Themenblöcke aufzuteilen. Diese sind:

- Berufspraxis
- Berufsausbildung
- Schulausbildung
- zusätzliche Kenntnisse (z. B. Sprachen, Computer)

Diese einzelnen Themen lassen sich unterschiedlich anordnen:

- Sie können mit Ihrer heutigen Arbeitssituation beginnen und in der Zeit zurückgehen. Diese Form hat sich durchgesetzt. Sie ist für Ihre Initiativbewerbung günstiger, denn so können Sie gleich den Blick auf Ihre heutige Tätigkeit lenken. Aus- und Schulbildung erscheinen weniger wichtig. Schließlich bekommen Sie den Job, weil Sie aktuell oder im Laufe Ihrer bisherigen Karriere etwas Besonderes geleistet haben.
- Oder Sie können als ersten Punkt Ihre Ausbildung anführen, dann auf der chronologischen Zeitschiene aus der Vergangenheit in die Gegenwart mit den aktuellen beruflichen Tätigkeiten kommen. Diese Anordnung eignet sich immer dann, wenn Sie sich bei sehr konservativen Arbeitgebern bewerben.

Wichtig ist, dass Sie die einmal gewählte Anordnung (also mit den zurückliegenden Zeiten anfangen und dann bis heute weitergehen oder auch umgekehrt) möglichst beibehalten.

Wie gesagt, Ihr Lebenslauf ist das »Herzstück« Ihrer Bewerbung. Passen Sie ihn deshalb an die Besonderheiten und die Anforderungen der angestrebten Arbeitsstelle an.

### ✪ Checkliste: Lebenslauf

Haben Sie ...

- ○ sich eine sinnvolle Abfolge der Lebenslaufdaten überlegt – von der Vergangenheit zur Gegenwart oder umgekehrt?
- ○ eine sinnvolle Themenauswahl wie Berufstätigkeit, Ausbildung, sonstige Fähigkeiten, Interessen etc. getroffen?
- ○ klare Aussagen, Botschaften bezüglich Ihres Könnens, Ihrer Leistungsbereitschaft und Ihrer persönlichen Wesensart gemacht?
- ○ ein sympathisches Foto eingefügt?
- ○ alle wichtigen persönlichen Kontaktdaten aufgeführt wie Adresse, Handy, E-Mail?
- ○ die Darstellung Ihrer wichtigsten Tätigkeiten und Erfolge pro Job gut und informativ aufbereitet?
- ○ darauf geachtet, dass Ihre Daten lückenlos wirken?
- ○ einen roten Faden in Ihrer beruflichen Entwicklung erkennen lassen?
- ○ an Infos zu Ihrer Weiterbildung (z. B. Fachmessebesuche, Kurse, Fachzeitschriften) gedacht?
- ○ sonstige Kenntnisse (z. B. EDV, Sprachen, Führerschein) berücksichtigt?
- ○ Ihre Unterschrift, Ort und Datum nicht vergessen?
- ○ Ihren Lebenslauf kritisch und sehr sorgfältig gegenlesen lassen?

---

**FEHLER**

### Folgende Informationen gehören nicht in den Lebenslauf

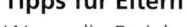

- Referenzen oder der Hinweis »Referenzen verfügbar«
- Gehalt oder Gehaltsforderungen
- Interessen und Sport, wenn überhaupt keine Verbindung zum Beruf besteht oder sich Nachteile für Ihre berufliche Tätigkeit daraus ergeben könnten
- Mitgliedschaften, dito
- Zahl der Kinder, Gesundheit, Hautfarbe, Nationalität, Berufe der Eltern, Parteizugehörigkeit

### Tipps für Eltern

Wenn die Erziehungszeiten Ihrer Kinder eine deutliche Lücke im Lebenslauf erzeugen, beschreiben Sie diese Zeit selbstbewusst als Familienphase. Sie haben dabei wichtige Fähigkeiten erworben, die auch im Berufsleben eine Rolle spielen, z. B. Zeitmanagement, Motivationsvermögen und Belastbarkeit.

### Tipps für »ältere« Bewerber

Wenn Sie über 45 Jahre alt sind, geben Sie bei Schule, Ausbildung usw. nur den Abschluss an. Falls Sie Sport treiben, erwähnen Sie dies unbedingt bei Hobbys/Interessen. Damit beweisen Sie, dass Sie Power und Durchhaltevermögen haben und fit und belastbar sind.

### Lebenslaufvarianten

Wie schon erläutert, gibt es zwei Möglichkeiten, wie Sie Ihren Lebenslauf chronologisch gliedern können. Ein stetig kleiner werdender Teil der Bewerber orientiert sich an der Variante, die von der Vergangenheit bis hin zur Gegenwart (also von der Schulbildung bis zur derzeitigen beruflichen Tätigkeit) den Werdegang präsentiert. Sie können aber auch mit der Gegenwart beginnen und auf der Zeitachse zurückgehen. Diese Form erfreut sich immer größerer Beliebtheit und ist auch sinnvoll. Denn: Interessant ist doch, was Sie jetzt gerade in der Gegenwart machen, und nicht, was und wie Sie etwas vor 20 Jahren angegangen sind.

Andere Varianten arbeiten mit Oberbegriffen. Sie gliedern die Karriere nach Themenschwerpunkten und nicht nach zeitlicher Abfolge. Hier gibt es drei mögliche Variationen, die zielgerichtete, die funktionale und die kreative Form.

Vier Hauptformen (oder auch Varianten/Versionen genannt) der Lebenslaufgestaltung lassen sich demnach heute unterscheiden und sind in den Personalauswahletagen bekannt:

- chronologisch
- funktional
- zielgerichtet
- kreativ

Jetzt zeigen wir Ihnen für jede Form die Vor- und ggf. auch Nachteile kurz auf und verdeutlichen an ein und demselben Beispiel, wie so etwas aussehen kann.

Auf einem Deckblatt (das wir Ihnen hier nicht zeigen) sind bereits das Foto und die wichtigsten Sozialdaten präsentiert worden.

**Hanna Teptow**
Automobilfachverkäuferin

Warschauer Allee 33
19053 Schwerin
Telefon: 0385 335533
E-Mail: h.teptow@web.de

**Verkäuferin im Kfz-Bereich:**
Zehnjährige Erfahrung in Verkauf, Kundenbetreuung und Verkaufsförderung

## Erfahrung

**seit 2007**  **Auto Ersatzteile Burger, Schwerin**
Technische Angestellte/Gewährleistungssachbearbeiterin
- Abwicklung von Gewährleistungs- und Kulanzanträgen
- Systemunterstützende Antragsbearbeitung am Terminal
- Prüfungen von Schadensteilen/Qualitätsanalyse
- Koordinierung von Rückrufen verschiedener Hersteller
- Regressierung abgelehnter Gewährleistungsteile
- Kunden- und Lieferantenmanagement

2005–2006  halbjährige Familienphase

**2002–2005**  **ADAC, Hamburg**
Kaufmännische Mitarbeiterin
- Mitgliederbetreuung
- Koordination der Zusammenarbeit mit DEKRA und TÜV
- Messestandbetreuung
- Unterstützung der Organisation von Messeauftritten, Rallyes und dem ADAC-Jahresball in Hamburg

**1998–2001**  **Kröner-Metallhandel, Hannover**
Industriekauffrau für Maschinenbau
- Bestellung von Maschinenbauteilen aus Stahl und Kunststoff
- Fakturierung und Auslieferung an Kunden
- Bestandspflege und Kundenneuakquise

## Ausbildung

2010  Fortbildung Vertrieb und Marketing
(Marketingakademie Mecklenburg-Vorpommern)

2008  Fortbildung Qualitätsmanagement
TÜV Hamburg

1995–1998  Ausbildung zur Industriekauffrau
Cottbus

1985–1995  Rosa-Luxemburg-Schule, Cottbus
Abschluss Mittlere Reife

Schwerin, 22.03.2017

*Hanna Teptow*

**Der chronologische Lebenslauf (Kommentar auf Seite 77)**

**Hanna Teptow**
Automobilfachverkäuferin

Warschauer Allee 33
19053 Schwerin
Telefon: 0385 335533
E-Mail: h.teptow@web.de

**Verkäuferin im Kfz-Bereich:**
Zehnjährige Erfahrung in Verkauf, Kundenbetreuung und Verkaufsförderung

| | |
|---|---|
| **Produktmanagement:** | Qualitätssicherung, Verhandlungsführung mit Lieferanten |
| | Mitarbeit bei der Erweiterung der Produktpalette |
| | sehr gute Kenntnis des Ersatzteilangebots für Pkw und Nutzfahrzeuge (besonders der Marken Toyota, Opel, Mercedes) |
| **Kundenbetreuung:** | Abwicklung von Gewährleistungs- und Kulanzanträgen, Steigerung der Kundenzufriedenheit |
| **Mitarbeiterführung:** | zuständig für die Einarbeitung neuer Mitarbeiter und die Umsetzung von Konzepten zur Kundenbetreuung |
| **Marketing:** | Planung, Durchführung und Analyse von Verkaufsmaßnahmen, konzeptionelle Mitarbeit bei der Einführung neuer Produkte |

## Laufbahn

| | |
|---|---|
| Technische Angestellte/Gewährleistungssachbearbeiterin Auto Ersatzteile Burger, Schwerin | seit 2007 |
| Kaufmännische Mitarbeiterin ADAC, Hamburg | 2002–2005 |
| Industriekauffrau für Maschinenbau Kröner-Metallhandel, Hannover | 1998–2001 |

**Ausbildung:** Industriekauffrau

Schwerin, 22.03.2017

*Hanna Teptow*

**Der funktionale Lebenslauf (Kommentar auf Seite 77)**

## Der chronologische Lebenslauf

Im chronologischen Lebenslauf werden die einzelnen Karriereschritte nach dem Datum geordnet. Die Bewerberin hat sich für die modernere Variante entschieden. Sie stellt die aktuelle, relevante berufliche Position, von der aus man sich für die neue Position bewirbt, an den Anfang. Bei der traditionellen Variante, die nicht mehr oft gewählt wird, würde man mit der Schule anfangen, um dann nach vielen langen Zeilen (und Lesezeit) endlich zu wichtigeren Stationen zu kommen.

Wenn Sie mit Ihrer aktuellen Arbeitsstelle anfangen, heben Sie die jüngsten Erfahrungen besonders hervor und weisen auf die wachsende Verantwortung hin. Zu jeder aufgeführten Position sollten Sie folgende Angaben machen: Name und Standort des Unternehmens, Beschäftigungszeitraum, Berufsbezeichnung, Verantwortungsbereiche und Erfolge.

### Vorteile

- Es ist einfach, einen chronologischen Lebenslauf zu schreiben.
- Da diese Form seit Langem die gebräuchlichste ist, sind Arbeitgeber mit ihr vertraut.
- Man erkennt sofort Ihre Fortschritte in Ihrem Spezialgebiet und Ihre wachsende Verantwortung.
- Wenn Sie lange Zeit in einem Unternehmen gearbeitet haben und mehrmals befördert worden sind, ist das auch ein Zeichen für Erfolg und Zuverlässigkeit. Anhand des chronologischen Lebenslaufs wird das direkt ersichtlich.

### Nachteile

- Falls Sie Ihre Arbeitsstelle häufig gewechselt haben, erkennt der Empfänger das auf den ersten Blick. Viele Wechsel zeugen von Instabilität und müssen erklärt werden.
- Jede Beschäftigungslücke tritt deutlich hervor.
- Wenn Sie den Beruf oder die Richtung gewechselt haben, wird man Ihnen unter Umständen Ziellosigkeit vorwerfen.
- Ihre größten Erfolge sind in einzelnen Karriereschritten versteckt; Ihre besten Eigenschaften treten nicht deutlich genug hervor.
- Wenn Ihre letzte Beschäftigung ein »Ausrutscher« in Ihrer Karriere war, wird man Sie ausgerechnet mit ihr in Verbindung bringen, da sie in Ihrem Lebenslauf ganz oben steht.

## Der funktionale Lebenslauf

Im funktionalen Lebenslauf ordnen Sie Ihre Leistungen und Berufserfahrung in Bezug auf Funktion und Verantwortung und interessieren sich nur am Rande für die zeitliche Einordnung.

### Vorteile

- Falls Sie innerhalb kurzer Zeit häufig Ihre Stelle gewechselt haben, können Sie im funktionalen Lebenslauf Ihre Kenntnisse und Erfahrungen besonders hervorheben und so von den Stellenwechseln ablenken.
- Wenn es keine Beziehung zwischen Ihrer letzten Stelle und der angestrebten Position gibt, können Sie im funktionalen Lebenslauf den Schwerpunkt auf frühere Erfahrungen legen.
- Sollte Ihr letzter Job im Vergleich zu früheren anspruchslos gewesen sein, hält der funktionale Lebenslauf das im Hintergrund.
- Der funktionale Lebenslauf erlaubt es Ihnen, verschiedene Leistungen so zusammenzustellen, dass man Ihr Fachwissen erkennen kann. Der Arbeitgeber bekommt einen Überblick, ob Ihre Kenntnisse seinen Ansprüchen entsprechen, ohne an Titel oder frühere Positionen zu denken.

### Nachteile

- Arbeitgeber und Personalchefs sind an die chronologische Gliederung Ihres Lebenslaufes gewöhnt. Wer von dieser Form abweicht, könnte Verwirrung und Misstrauen hervorrufen.
- Es ist nicht einfach, einen funktionalen Lebenslauf zu gestalten. Außerdem muss er für jede einzelne Bewerbung neu gegliedert werden.
- Sie müssen aufpassen, dass in Ihrem Lebenslauf genau das steht, was Sie vermitteln wollen. Überprüfen Sie, ob er die Fragen »Welche Stärken hebe ich hervor?« und »Wie kann der Arbeitgeber mich einsetzen?« beantwortet.
- Unter Umständen wird man im Vorstellungsgespräch doch noch den genauen zeitlichen Verlauf Ihrer Karriere wissen wollen.

**Hanna Teptow**
Automobilfachverkäuferin

Warschauer Allee 33
19053 Schwerin
Telefon: 0385 335533
E-Mail: h.teptow@web.de


Zehnjährige Erfahrung in Verkauf, Kundenbetreuung und Verkaufsförderung
- konzeptionelle Mitarbeit bei der Einführung neuer Produkte
- Unterstützung der Verkaufsleitung bei der Entwicklung verkaufsfördernder Maßnahmen
- Mitarbeit an der Erweiterung der Produktpalette
- sehr gute Kenntnis des Ersatzteilangebots für Pkw und Nutzfahrzeuge
  (besonders der Marken Toyota, Opel, Mercedes)

Ich bin eine vielseitige Fachverkäuferin im Bereich Kfz und Maschinenbau. Aus meiner tägli-chen Praxis sind mir Planung, Durchführung und Analyse von Verkaufsmaßnahmen bestens vertraut. Als erprobter Verkaufsprofi liegt mir die Kundenzufriedenheit besonders am Herzen.

## Erfolge
- Steigerung der Kundenzufriedenheit
- Rückgang der Reklamationen um 10 %
- selbstständige Verhandlungsführung mit Lieferanten
- Einarbeitung neuer Mitarbeiter
- Kunden- und Lieferantenmanagement

## Erfahrung
**Auto Ersatzteile Burger, Schwerin**                          seit 2007
Technische Angestellte/Gewährleistungssachbearbeiterin
Leitung des Bereichs Qualitätskontrolle und Gewährleistungsansprüche


**ADAC, Hamburg**                                             2002–2005
Kaufmännische Mitarbeiterin
verantwortlich für die Mitgliederbetreuung und -akquise, Mitarbeit
bei Werbemaßnahmen, z. B. Messeauftritte und Großveranstaltungen

**Kröner-Metallhandel, Hannover**                             1998–2001
Industriekauffrau für Maschinenbau
Einkauf von Maschinenbauteilen, Controlling

## Ausbildung
Fortbildung Vertrieb und Marketing                            2010
(Marketingakademie Mecklenburg-Vorpommern)


Fortbildung Qualitätsmanagement                               2008
TÜV Hamburg


Ausbildung zur Industriekauffrau                              1995–1998
Cottbus


Rosa-Luxemburg-Schule, Cottbus                                1985–1995
Abschluss Mittlere Reife


Schwerin, 22.03.2017

*Hanna Teptow*


**Der zielgerichtete Lebenslauf (Kommentar auf Seite 80)**

## Hanna Teptow  Warschauer Allee 33  19053 Schwerin

Telefon: 0385 33553 • E-Mail: h.teptow@web.de
Automobilfachverkäuferin

*Meine Philosophie*
# *Der Kunde ist König*

**Ich bin**
eine vielseitige Fachverkäuferin im Bereich Kfz- und Maschinenbau. Ich kenne mich bestens
aus beim Ersatzteilangebot für Pkw und Nutzfahrzeuge (besonders der Marken Toyota, Opel,
Mercedes).

**Ich habe**
mehr als eine Stärke, meine wichtigste aber ist eine hohe Kommunikationsfähigkeit, die mir
in meinen Aufgabenbereichen Kundenbetreuung und -akquise sehr zugutekommt. Aus meiner täglichen Praxis sind mir Planung, Durchführung und Analyse von Verkaufsmaßnahmen
bestens vertraut.

**Ich will**
eine neue berufliche Herausforderung im Bereich Marketing und Verkauf. Meine organisa-
torischen Fähigkeiten möchte ich besonders bei der Vorbereitung und Durchführung von
medienwirksamen Promotion-Aktionen zur Einführung neuer Pkw-Modelle nutzen.

*Erfahrungshintergrund*

**seit 2007**  **Auto Ersatzteile Burger, Schwerin**
Technische Angestellte/Gewährleistungssachbearbeiterin
- Abwicklung von Gewährleistungs- und Kulanzanträgen
- Systemunterstützende Antragsbearbeitung am Terminal
- Prüfungen von Schadensteilen/Qualitätsanalyse
- Koordinierung von Rückrufen verschiedener Hersteller
- Regressierung abgelehnter Gewährleistungsteile
- Kunden- und Lieferantenmanagement

**2002–2005**  **ADAC, Hamburg**
Kaufmännische Mitarbeiterin
- Mitgliederbetreuung
- Koordination der Zusammenarbeit mit DEKRA und TÜV
- Messestandbetreuung
- Unterstützung bei der Organisation von Messeauftritten, Rallyes und
  dem ADAC-Jahresball in Hamburg

**1998–2001**  **Kröner-Metallhandel, Hannover**
Industriekauffrau für Maschinenbau
- Bestellung von Maschinenbauteilen aus Stahl und Kunststoff
- Fakturierung und Auslieferung an Kunden
- Bestandspflege und Kundenneuakquise

**1995–1998**  **Ausbildung in Cottbus zur Industriekauffrau**

Schwerin, 22.03.2017

*Hanna Teptow*

**Der kreative Lebenslauf (Kommentar auf Seite 80)**

## Der zielgerichtete Lebenslauf

Mit dieser Mischung aus chronologischer und funktionaler Form lassen sich die besten Ergebnisse erzielen. Oben steht eine beeindruckende Einleitung, die die Aufmerksamkeit des Lesers sofort auf sich zieht. In diesem ersten Abschnitt stellen Sie Ihre Leistungen zu Funktionsgruppen zusammen und setzen Ihre größten Erfolge in Bezug zu der angestrebten Position.

### Vorteile
- Ihre Stärken stehen im Mittelpunkt.
- Der zielgerichtete Lebenslauf ist sehr flexibel.
- Er maximiert Ihre Chancen, das Interesse des Lesers zu wecken.
- Sie können Ihren Lebenslauf ohne Qualitätsverlust an die ausgeschriebene Stelle anpassen.
- Der zielgerichtete Lebenslauf erlaubt es Ihnen, inhaltlich und formal originelle Ideen zu präsentieren.
- Sie können die Aufmerksamkeit des Lesers gezielt auf Ihre Stärken lenken.
- Im zielgerichteten Lebenslauf können Sie zeigen, wie Sie mit Ihren Leistungen die Aufgaben im Unternehmen bewältigen wollen.
- Sie haben die Möglichkeit, sich nach bewährten Marketingregeln zu beschreiben.

### Nachteil
- Das Erstellen des zielgerichteten Lebenslaufes verlangt Erfahrung.

## Der kreative Lebenslauf

Diese vierte Variante gibt Ihnen den größten Spielraum. Sie entscheiden nach reiflicher Überlegung, was Sie Ihrem Gegenüber vermitteln wollen und welche Darbietungsweise angemessen und auch am besten geeignet ist. Auch wenn Sie bei diesem Stil sehr innovativ sein dürfen: Wer zu sehr von der Norm abweicht, riskiert, nicht ernst genommen zu werden.

### Vorteile
- Der kreative Lebenslauf ist besonders flexibel einsetzbar, z. B. als Anhang, als ein Extra etc.
- Sie entscheiden sehr frei über das Wie und Was.
- Dadurch haben Sie ganz andere Chancen, den Leser neugierig zu machen.
- Ohne Qualitätsverlust können Sie ihn an die angestrebte Stelle anpassen.
- Sie haben es in der Hand, die Aufmerksamkeit des Lesers optimal zu lenken.

### Nachteile
- Das Erstellen des kreativen Lebenslaufes ist eine besondere Herausforderung und kostet Sie vielleicht sehr viel Zeit.
- Er stellt eine schmale Gratwanderung zwischen »noch möglich« und »schon wieder unmöglich« dar, mit der Gefahr, abzustürzen.
- Nicht jeder Leser wird Ihre Kreativleistung zu würdigen wissen.

# DAS ANSCHREIBEN

Das Anschreiben liegt zwar lose oben auf Ihren Bewerbungsunterlagen, trotzdem ist es meist nicht das Erste, was ein Personalchef liest. Und das trifft auch zu, wenn Sie es per E-Mail versenden.

Am besten, Sie machen es ähnlich: Erstellen Sie zuerst die anderen Unterlagen, Ihren Lebenslauf, ggf. eine Dritte Seite etc. Danach haben Sie wahrscheinlich ein besseres Gefühl dafür, was Sie im Anschreiben noch sagen möchten.

Wichtig beim Anschreiben ist, dass es auf den ersten Blick übersichtlich und klar ist. Formulieren Sie kurze, klare Sätze, und drücken Sie sich freundlich und sachlich, aber auch selbstbewusst aus.

## Formales

An unseren Beispielen haben Sie sicherlich schon gesehen, dass es gerade beim Anschreiben viele verschiedene Möglichkeiten gibt. Aber einige Formalitäten sollten Sie auf jeden Fall einhalten.

- Als Erstes auf der Seite steht Ihr Name mit Adresse, Telefonnummer, evtl. Handynummer und E-Mail-Adresse. Der Absender kann als Block links oder rechts stehen oder als Kopfzeile angeordnet sein.
- Darunter folgt links als Block der Name der Firma, Ihr Ansprechpartner, dann die Anschrift.
- Danach kommt rechts eine Zeile mit Ort und dem aktuellen Datum.
- Es folgt die Betreffzeile. Hier weisen Sie auf Ihre Initiativbewerbung hin oder auch auf ein evtl. bereits geführtes (telefonisches) Gespräch. Früher stand davor: »Betr.«, heute ist das absolut nicht mehr üblich.
- Die Anrede lautet »Sehr geehrte Frau ...« oder »Sehr geehrter Herr ...«. Unbedingt den Namen herausfinden und die Person direkt ansprechen. Darunter darf dann auch die Formel »Sehr geehrte Damen und Herren« stehen, falls davon auszugehen ist, dass sich noch weitere Personen mit Ihrer Bewerbung beschäftigen, diese vorprüfen etc.

Das Anschreiben sollte wirklich nicht länger sein als eine DIN-A4-Seite. Am besten sind fünf bis sechs oder ein paar mehr Sätze. Schreiben Sie die wichtigsten Argumente auf, die für Ihr Mitarbeitsangebot sprechen. Aber vergewissern Sie sich, dass alles Wichtige auch in Ihrem Lebenslauf auftaucht. Das Anschreiben hat nämlich nur eine untergeordnete

**MERKBLOCK**

Bei Ihrer Initiativbewerbung ist die Bedeutung des Anschreibens größer als sonst! Hier sollten Sie sehr überzeugend die Gründe vortragen, wie und warum Sie Ihr Problemlösungs-Know-how dem Unternehmen anbieten. Im beigefügten Lebenslauf (Ihrem beruflichen Werdegang), der auch ganz kurz sein darf, treten Sie dann den Beweis für Ihre Versprechungen an und verweisen auf Ihre bisherigen Erfolge.

Funktion, selbst hier bei Ihrer Initiativbewerbung. Es ist Ihr sogenannter Lebenslauf (besser: beruflicher Werdegang), der die wichtigsten Weichen stellt.

## Die Gliederung

Ganz wichtig ist die Gliederung. Unser Tipp: Unterteilen Sie Ihre Aussagen zu den verschiedenen Themen in Textblöcke.

### Im ersten Absatz: Was bieten Sie dem Unternehmen an?

Sagen Sie hier etwas zum Aufgabengebiet, evtl. Arbeitsort und Arbeitgeber.

Ihr Einstieg sollte so gestaltet sein, dass der Leser neugierig wird und »dranbleiben« will. Erzeugen Sie Spannung und wecken Sie Interesse. Vermeiden Sie das langweilige »Hiermit bewerbe ich mich um ...«.

### Der zweite Absatz: Was ist Ihr beruflicher Hintergrund? Welches sind Ihre wichtigsten persönlichen Eigenschaften?

Hier können Sie auf Ihre bisherigen Erfahrungen und Leistungen eingehen. Zählen Sie nicht einfach Adjektive wie »sorgfältig« oder »engagiert« auf. Beschreiben Sie kurz eine Situation, bei der Sie diese Eigenschaften schon bewiesen haben – also z. B. Engagement, Geduld, Belastbarkeit oder Teamgeist.

Wenn Sie bloß behaupten, Sie seien die geeignete Person für eine Stelle, nützt das wenig. Die meisten Personalchefs werden nämlich von solchen Behauptungen eher abgeschreckt. Besser, Sie versuchen anhand Ihrer bisherigen Leistungen zu zeigen, welchen besonderen Nutzen (Ihr Alleinstellungsmerkmal, USP) der Arbeitgeber von Ihrer Mitarbeit hätte.

### Der letzte Absatz

Besonders wichtig ist, wie Sie Ihr Anschreiben abschließen. Schreiben Sie, dass Sie interessiert an einem persönlichen Gespräch sind. Verwenden Sie dabei nicht die Möglichkeitsform (also: »ich freue mich …« oder »ich bin interessiert …«, nicht: »ich würde mich freuen, wenn …« oder »ich wäre interessiert …«). »Mit freundlichen Grüßen« ist heute die übliche Abschiedsformel. Sie können aber auch »Mit besten Grüßen« abschließen. Vielleicht fügen Sie noch den Zusatz »nach (Wiesbaden, München oder wo immer der potenzielle Arbeitgeber ansässig ist)« an. »Hochachtungsvoll« als Abschiedsgruß ist total veraltet und nahezu unmöglich!

### Die Unterschrift

Sie unterschreiben Ihr Anschreiben möglichst mit blauer Tinte (Füller oder mit einem hochwertigen Stift, besser nicht mit Kugelschreiber). Vor- und Zuname (bitte nicht »K. Müller«, sondern »Katja Müller«) sollten leserlich sein. Darunter auf keinen Fall noch einmal Ihren Namen tippen! (Der steht ja schon im Absender.) Bei der E-Mail-Variante wäre eine eingescannte Unterschrift optimal.

### PS

Durch ein PS können Sie nochmals auf sich und Ihr Anliegen aufmerksam machen. Ein PS (schon ziemlich außergewöhnlich!) fällt garantiert ins Auge und wird sofort gelesen.

### Anlagen

Die evtl. beigelegten Zeugnisse und Bescheinigungen werden nicht einzeln aufgeführt. Hier genügt das Wort »Anlagen«.

**Und noch etwas:** Keiner erwartet, dass Sie Ihr Anschreiben *nicht* mit dem Computer erstellen! Wenn Sie jedoch eine klare, gut leserliche Handschrift haben, dürfen Sie diese (hoffentlich kurze Seite!) auch handschriftlich präsentieren (wir haben in unseren *Büros für Berufsstrategie* damit große Erfolge bei Positionen mit einem Jahreseinkommen von über 250.000, aber auch von deutlich unter 25.000 Euro gehabt).

---

### ✪ Checkliste: Anschreiben

Haben Sie …

○ Ihren persönlichen Briefkopf (Ihren Absender) vollständig gestaltet mit Namen, Adresse, Telefon, ggf. Handy, E-Mail-Adresse …?

○ die Empfängeranschrift korrekt und möglichst personalisiert eingefügt?

○ Ort- und Datumszeile korrekt platziert?

○ eine sofort ansprechende Betreffzeile formuliert?

○ berücksichtigt, dass Ihr Anschreiben lesefreundlich ist? (Schriftgröße 11–13, Schrifttyp nicht zu ausgefallen, Seitenrand angemessen breit, ca. 4 cm links und ca. 3 cm rechts, keine »Löcher« in den Zeilen oder an deren Ende, keine vollgeschriebene »Bleiwüste«, sondern strukturierte und eher kurze »leicht bekömmliche« Absätze)

○ einen interessanten, nicht zu langen Einstieg gefunden, gefolgt von Ihrer Motivation und Ihrem Leistungsangebot?

○ Ihren beruflichen und persönlichen Hintergrund gelungen kurz dargestellt, ohne zu über-, aber auch ohne zu untertreiben?

○ verdeutlicht, wofür Sie stehen, beruflich wie auch als Mensch und zukünftiger Mitarbeiter?

○ die Quintessenz auf den Punkt bringen können, die Ihr Mitarbeitsangebot ausmacht?

○ eine sympathische Abschluss-Grußformel ausgewählt?

○ unterschrieben (Vor- und Zuname, keine getippte Wiederholung)?

○ evtl. ein sinnvolles PS als echten Hingucker angeführt?

○ an die Anlagen (allein das Wort »Anlagen« unten stehend reicht bereits) gedacht?

○ berücksichtigt, dass das Anschreiben lose oben auf der Bewerbungsmappe liegt bzw. bei einer E-Mail-Bewerbung entweder als erste Seite im Anhang oder in der E-Mail-Maske selbst die Bewerbungsunterlagen eröffnet?

○ Ihr Anschreiben kritisch und sehr sorgfältig gegenlesen lassen?

**Peter Münch   Am Wallgraben 2   20201 Hamburg   040 3542612   p.muench@gmx.de**

# Ihr Sanitärfachmann

Herrn
Anton Sturm
Sanitärhaus Sturm
Burgallee 135
21205 Hamburg

Hamburg, 28.02.2017

**Vielen Dank für das freundliche und informative Telefonat heute früh, 8.15 Uhr**

Sehr geehrter Herr Sturm,

Ihre Ausführungen haben mich darin bestärkt, Ihnen meine Bewerbungsunterlagen gleich persönlich vorbeizubringen.

Nach meiner **Ausbildung zum Gas-/Wasserinstallateur (Abschlussnote: gut)** habe ich **fünf weitere Jahre in meinem Ausbildungsbetrieb** gearbeitet. Während dieser Zeit wurde ich sowohl mit Aufgaben der Altbausanierung betraut als auch in unserem Verkaufsgeschäft in der Müllerstraße bei der Kundenberatung und **im Verkauf eingesetzt.**

Der Umgang mit der Kundschaft hat mir immer sehr viel Spaß gemacht und ich denke, von mir sagen zu können, dass ich ein gewisses **Verkaufstalent** habe. Da wir ein Kleinbetrieb waren, hat mich mein Chef von Anfang an stark gefordert und mir eine sehr selbstständige Arbeitsweise abverlangt. Diese habe ich – wie Sie aus meinem Arbeitszeugnis entnehmen können – auch **stets zu seiner vollsten Zufriedenheit** erfüllt.

Bedingt durch den Konkurs meines früheren Arbeitgebers aufgrund eines Großkunden, der selbst in Zahlungsschwierigkeiten gekommen war, musste ich mich um eine andere Tätigkeit zur Überbrückung bemühen.
Diese fand ich kurz darauf als **Hausmeister und handwerkliche Allroundkraft.** Hier habe ich nicht nur meine Flexibilität und Einsatzstärke erneut unter Beweis gestellt, sondern konnte auch meine sonstigen handwerklichen Fähigkeiten weiter ausbauen. Zusätzlich habe ich mich auch **in dieser Zeit beruflich fortgebildet,** wie Sie den beigefügten Anlagen entnehmen können.

Ich freue mich darauf, Sie in einem Vorstellungsgespräch von meiner Qualifikation zu überzeugen. **Eine Arbeitsaufnahme könnte dann sehr schnell erfolgen.**

Mit freundlichen Grüßen

*Peter Münch*

PS: Diese Bewerbungsunterlagen erstelle ich auf meinem eigenen PC (MS-Office 2016), sodass ich Ihre Anforderungen diesbezüglich sicher erfüllen kann.

Anlagen

Peter Münch / Anschreiben (Kommentar auf Seite 85)

———— Martin Freihaus ————————————————

Rückerstraße 56
10119 Berlin
Tel.: 030 2573684
E-Mail: freihaus@t-online.de

Dialog Com Systems GmbH
Niederlassung Hannover
Herrn Runge
Bornholmer Weg 5
30457 Hannover

Berlin, 24.01.2017

## Initiativbewerbung als Netzwerksystemspezialist

Sehr geehrter Herr Runge,

wie Presseveröffentlichungen zu entnehmen ist, hat sich die Dialog Com Systems GmbH in den letzten Jahren zu einem führenden Unternehmen im Bereich der Telekommunikation entwickelt. Sie zählt zu den besten europäischen Herstellern von Netzwerk-Controllern und -Anwendungen für Personalcomputer.

In einem Gespräch auf der CeBIT erfuhr ich von Ihrem Mitarbeiter Herrn Born, dass Sie ein Projekt zum Consumer Markt planen. Eine Mitarbeit an diesem Projekt interessiert mich sehr und wäre eine spannende Herausforderung für mich. Ich bin überzeugt, dass ich mit meinen Kenntnissen und Erfahrungen einen signifikanten Beitrag zur Durchführung dieses Projektes und damit zur Weiterentwicklung Ihres Unternehmens leisten kann.

Nach meinem Abschluss als Studienrat mit den Fächern Mathematik und Physik (2006) habe ich bei der Siemens Nixdorf Informationssysteme AG eine erfolgreiche Weiterbildung zum Netzwerksystemspezialisten absolviert. Seit 2008 war ich in verschiedenen Unternehmen der Softwarebranche beschäftigt. Daher verfüge ich über eine langjährige Erfahrung in der Betreuung von Netzwerken. Zu meinen Fachkenntnissen gehören die Installation, Systemverwaltung und Netzprogrammierung von UNIX-, Windows- und Win-NT-Netzwerken. Ich habe Erfahrung mit den Programmiersprachen C++, C#, Java, Delphi, HTML und bringe fundierte Englischkenntnisse in Wort und Schrift mit.

Als meine besonderen persönlichen Stärken empfinde ich:
➔ meine konzeptionelle und analytische Denkweise,
➔ meine Ausdauer und Beharrlichkeit,
➔ meine teamorientierte und effiziente Arbeitsweise und
➔ meine besondere Stressresistenz.

Für alle weiteren Auskünfte stehe ich Ihnen gerne in einem persönlichen Gespräch zur Verfügung.

Mit freundlichen Grüßen

*Martin Freihaus*

Anlagen

**Martin Freihaus / Anschreiben (Kommentar auf Seite 85)**

## Kommentar zum Anschreiben von Peter Münch

Die Briefkopfzeile mit den Absenderdaten ist interessant gestaltet. Der Zusatz »Ihr Sanitärfachmann« ist ein echter Blickfang und erzeugt Aufmerksamkeit.

Das Datum ist in der richtigen Form präsentiert und die Betreffzeile sehr pointiert formuliert. Durch das Vorabtelefonat hat der Bewerber den richtigen Ansprechpartner herausgefunden und konnte die Anrede persönlich formulieren. Das erhöht die Chancen, dass er mit seiner Initiativbewerbung Erfolg haben wird. Dass er seine Bewerbung persönlich überreicht hat, zeugt von Engagement und Entschlossenheit.

Der Inhalt des Anschreibens wirkt überzeugend, da Herr Münch gekonnt die Argumente vorbringt, die für ihn sprechen. Auch vermeidet er eine ungeschickte Aussage über seine aktuelle Arbeitslosigkeit.

Stilistisch ist es ein gelungener Text (keine »Hänger« oder ständigen »Ich«-Satzanfang-Wiederholungen), der vielleicht nur ein bisschen zu lang ist. Die Gliederung (Absatzgestaltung) ist klar und sinnvoll strukturiert, und die Zeilenführung unterstützt den Inhalt positiv, da es keine unglücklichen Umbrüche gibt.

Die optische Gestaltung ist recht raffiniert, da der Bewerber die wichtigsten Textstellen fett geschrieben hat. Der Leser erfasst so auf den ersten Blick alle relevanten Informationen.

Das PS am Ende ist ein besonders gut gelungener, überzeugender Hinweis, der sich auf das Telefonat und die Nachfrage nach PC-Kenntnissen bezieht.

**Einschätzung:** Sehr gut! Vom Vorabtelefonat über das mutig entschlossene persönliche Vorbeibringen bis zum gelungenen PS. Kaum besser zu machen, wenngleich die Länge vielleicht etwas reduziert werden sollte.

## Kommentar zum Anschreiben von Martin Freihaus

Bei diesem Beispiel fällt der erste Blick zweifellos auf die Kopfzeile, die ein ausgeprägtes Selbstbewusstsein erkennen lässt. Passend zum Arbeitsgebiet EDV ist die Schrifttype (modern, serifenlos) gewählt.

Bei dieser persönlich adressierten Initiativbewerbung hat sich der Kandidat zuvor gezielt über das Unternehmen informiert und schafft somit einen positiven Einstieg für sein Anliegen. Über die persönliche Kontaktaufnahme mit einem Vertreter des Unternehmens während einer Messe stellt er einen Bezug zum Adressaten her und bringt anschließend seine mögliche Mitarbeit bei einem innovativen Projekt geschickt ins Gespräch.

Im nachfolgenden Absatz erläutert der Bewerber – für eine Initiativbewerbung recht ausführlich – seine Erfahrungen und Fachkenntnisse. Schließlich stellt er in prägnanter Form durch hervorstechende Aufzählungszeichen seine Stärken dar und schließt mit einer verbindlichen Schlussformel.

Vergleichen Sie bitte einmal Zeilenführung und -umbruch in den beiden Anschreiben: Peter Münch ist eine sinnvolle Gestaltung gelungen, während dieser Aspekt im Anschreiben von Martin Freihaus zu verbessern wäre.

**Einschätzung:** Auch hier ein geschickt gewählter Einstieg und eine selbstbewusste Darstellung, die einen entschlussfreudigen Kandidaten erkennen lässt.

---

### 7. Lerntest: Ihr Wissensstand über die schriftliche Bewerbung

Bei Ihrer Initiativbewerbung ist die Bedeutung des Anschreibens ...

a) nicht so wichtig
b) wichtiger als sonst
c) das Wichtigste überhaupt

Die richtige Lösung finden Sie auf Seite 87.

Lösung 6. Lerntest: c, d. Sie bekommen jeweils 2 Punkte für die Auswahl von c und d.

# IHR FOTO – ZEIGEN SIE SICH VON IHRER BESTEN SEITE

Ihr Foto sagt viel mehr über Sie aus, als Sie sich vielleicht vorstellen können! Viele Personalentscheider behaupten, darin Kontaktfähigkeit, Entschlusskraft, Anpassungsbereitschaft und andere Eigenschaften erkennen zu können. Es ist auch der entscheidende Sympathieträger.

Zu Ihrem Fototermin ziehen Sie sich so an, wie es zu dem angestrebten Arbeitsumfeld und Arbeitsplatz passt, um den Sie sich initiativ bewerben. Denken Sie daran, dass Ihr Haar ordentlich frisiert ist, evtl. schminken Sie sich dezent. Ihr Erscheinungsbild muss gepflegt wirken, und Sie sollten gut gelaunt zum Fototermin erscheinen. Lächeln Sie bei der Aufnahme (denken Sie an etwas Schönes). Machen Sie einen entspannten, freundlichen und selbstbewussten Eindruck!

Dazu verabreden Sie sich unbedingt mit einem professionellen Fotografen. Wählen Sie einen guten Fotografen aus, der sich Zeit für Sie nimmt. Er kann Ihnen vielleicht auch Tipps zum Stil Ihrer Kleidung, zu Frisur, Make-up usw. geben, die zu Ihrem angestrebten Job passen. Am besten lassen Sie ein Porträtfoto machen. Damit zeigen Sie mehr von Ihrer Persönlichkeit als mit einem typischen Pass- oder Bewerbungsfoto. Wählen Sie unter einer Auswahl von Bildern das geeignete aus. Fragen Sie auch Freunde danach, welches Foto sie für das beste halten.

Auch wenn Sie bereits ein passendes, sehr schönes Foto von sich haben: Ihr Foto sollte möglichst nicht älter als ein Jahr sein.

## Das Formale

Sie können ein Farb- oder ein Schwarz-Weiß-Foto verwenden. Wir schlagen eine Schwarz-Weiß-Aufnahme vor, denn so wirken Sie seriöser. Und so kann es auch nicht passieren, dass Sie beispielsweise nur deshalb schlecht rüberkommen, weil dem Personalchef der grüne Hintergrund nicht gefällt, vor dem Sie sitzen.

Wenn Sie ein Farbfoto wählen, achten Sie auf dezente Farben bei Kleidung und ggf. Make-up.

Beim Format des Fotos gibt es keine festen Regeln. Es sollte aber mindestens 6 x 4,5 cm oder 6 x 6 cm (quadratisch) groß sein. Vielleicht versuchen Sie es auch mit einem Querformat, wenn Sie ein wenig »aus dem Rahmen fallen« wollen.

Ihr Foto bekommt etwas Besonderes, wenn es leicht angeschnitten ist. Bei Bildern, auf denen z. B. nicht Ihr gesamter Haarschopf zu sehen ist, kommt das Gesicht besonders gut zur Geltung. Sie könnten es aber auch mit einem Porträt versuchen, auf dem noch ein Teil Ihres Oberkörpers zu sehen ist. Mit einem solchen Foto strahlen Sie Dynamik aus.

Sehr gute Fotokopien (Digitalkopien) oder hervorragende Ausdrucke (Laserdrucker) von Fotos dürfen Sie verwenden. Das ist inzwischen allgemein akzeptiert. Achten Sie auch auf die Bildqualität, wenn Sie Ihre Bewerbung per E-Mail verschicken.

## Wohin kommt das Foto?

Üblicherweise wird das Foto rechts oben (evtl. auch links oben) auf der ersten Seite des Lebenslaufs platziert. Falls Sie Ihr Foto aufkleben, schreiben Sie vorsichtig mit Bleistift Ihren Namen auf die Fotorückseite. Dann kann es auch zugeordnet werden, wenn sich der Kleber löst.

Wenn Ihr Lebenslauf schon recht viele Daten enthält, ist es besser, wenn Sie das Foto auf dem Deckblatt unterbringen. Denn auf der ersten Seite Ihrer Bewerbung können Sie damit eine größere Wirkung erzielen.

# Gelungene Bewerbungsfotos

**Foto 1**

**Foto 2**

**Foto 3**

**Foto 4**

**Foto 5**

**Foto 6**

**Foto 1:** Ein sehr außergewöhnliches Format, ein heller, fast weißer Hintergrund und ein leicht angeschnittener Kopf lösen sofort Interesse aus, machen dieses Bild zum Hingucker und transportieren viel Sympathie.

**Foto 2:** Eher der Klassiker, aber wegen der Helligkeit allein auf dem Gesicht – verstärkt durch das weiße Hemd – schon sehr auffällig.

**Foto 3:** Und hier haben wir ein besonderes, quadratisches Format mit angeschnittenem Kopf wie bei fast allen anderen Fotos. Mit dem Hintergrund und der Zeitschrift als Requisite sehr außergewöhnlich!

**Foto 4:** Ganz starke Zentrierung auf das Gesicht, klassisches Format, aber starker Anschnitt machen das Foto sehr wirkungsvoll, weil man sich auch direkt angeschaut fühlt!

**Foto 5:** Quadratisch mit deutlicher Konzentration auf das Gesicht, gut ausgefüllt mit leichtem Anschnitt – das Foto wirkt!

**Foto 6:** Interessantes Format, gut ausgefüllt, leicht angeschnitten, ein deutlicher Hingucker – darauf verweilt das Auge länger …

## ✦ Checkliste: Foto

- ○ Gehen Sie ausgeruht und entspannt zum Fototermin.
- ○ Nehmen Sie am besten verschiedene Kleidungsstücke mit, die zu Ihren potenziellen Arbeitgebern passen könnten.
- ○ Schminken Sie sich nur dezent-natürlich und verzichten Sie auf auffällige Accessoires.
- ○ Seien Sie gut frisiert und makellos rasiert.
- ○ Überlegen Sie, ob Sie Schwarz-Weiß- oder Farbfotos erstellen lassen sollten (Schwarz-Weiß-Fotos wirken auf den Betrachter laut Untersuchungen sympathischer).
- ○ Wählen Sie am besten ein Format etwa von 6 × 4 cm (= etwas größer als ein normales Passfoto).
- ○ Lächeln Sie oder machen Sie ein freundliches Gesicht.
- ○ Wie immer gilt: Sympathie und Dynamik sind wichtiger als Schönheitsideale!

**LERNTEST**

### 8. Lerntest: Offene Fragen zur schriftlichen Bewerbung

a) Was ist das Wichtigste bei Ihrer Initiativbewerbung?
b) Wie viele Seiten sollte Ihr Initiativbewerbungsanschreiben umfassen?
c) Sie versenden eine klassische Initiativbewerbung. Wie häufig unterschreiben Sie?

Die richtige Lösung finden Sie auf Seite 95.

Lösung 7. Lerntest: b. Sie erhalten 2 Punkte für die richtige Lösung.

# DIE DRITTE SEITE

Personalentscheider stehen oft unter Zeitdruck. So kann es Ihnen leicht passieren, dass die im Bewerbungsanschreiben vorgetragenen Informationen und »Verkaufsargumente« wegen der Vielzahl der insgesamt eingehenden Bewerbungsunterlagen gar keine oder viel zu wenig Beachtung finden.

Häufig wird der Text des Anschreibens – wenn überhaupt – flüchtig überflogen (30 Sekunden bis maximal 1,5 Minuten). Der Leser wendet sich dann in der Regel schnell den Bewerbungsunterlagen, insbesondere dem Foto des Bewerbers, der beruflichen Ausgangssituation, seinen Interessen, Hobbys oder sonstigen Kenntnissen, den formalen Ausbildungs- und Arbeitsdaten zu. Erst wenn dies geschehen und ein positives Zwischenresultat im Kopf des Lesers abgespeichert ist, finden die weiteren Anlagen – meist Arbeits- und Ausbildungszeugnisse – Beachtung.

Was also tun? Fügen Sie doch die sogenannte Dritte Seite bei.

Beim Blättern in Ihren Unterlagen stößt der Personalchef auf die für ihn unerwartete Seite mit beispielsweise der Überschrift:

- *Was mir wichtig ist*
  oder:
- *Was Sie noch wissen sollten*

Wer könnte da widerstehen? Dieser Text wird bestimmt – trotz allen Zeitdrucks – sehr aufmerksam gelesen und zur Kenntnis genommen. Wem es an dieser Stelle gelingt, in wenigen kurzen Sätzen das richtige Bild zu vermitteln, kann – wenn die anderen Eckdaten stimmen – mit einer Einladung zum Vorstellungsgespräch rechnen.

Diese Dritte Seite kann Ihre Qualifikationen, Ihre Stärken und Ihre Persönlichkeit besonders überzeugend darstellen, wenn sie wirklich gut getextet ist. Eine fantastische Chance für Sie als Bewerber, als »Drehbuchautor« und »Regisseur« Ihrer »Verkaufs-« (d. h. Bewerbungs-)Unterlagen.

Diese zusätzliche, sich an den Lebenslauf, beruflichen Werdegang etc. anschließende Seite hat vielen von uns beratenen Bewerbern eine Einladung zum Vorstellungsgespräch eingebracht.

Etwas bekannter und bereits Bewerbungsstandard ist an dieser Stelle vielleicht eine Extraseite mit der Auflistung von Publikationen (so Sie welche zu verzeichnen haben, ggf. Master- oder Diplomarbeit o. Ä., Kurzzusammenfassung, Ergebnisse), der Skizzierung von besuchten Fortbildungsveranstaltungen, besonderen Arbeitsschwerpunkten oder Projekten, die für Sie als den richtigen Kandidaten sprechen.

Bisweilen wird immer noch eine Handschriftenprobe abverlangt, und manche Kandidaten schreiben dann offensichtlich in Ermangelung einer kreativen Idee Texte aus der Zeitung ab, was auch eine Art Dritte Seite darstellt.

Unsere Dritte Seite kann zusätzlich oder alternativ verwendet werden und transportiert richtig konzipiert die entscheidenden Argumente, warum Sie als Bewerber unbedingt zu einem Vorstellungsgespräch eingeladen werden sollten.

Ob handschriftlich mit blauer Tinte oder wie die anderen Seiten per Laser- oder Tintenstrahldrucker erstellt – mit dem richtigen Konzept, einer guten Formulierung und der trotz allem notwendigen Kürze erreichen Sie die optimale Aufmerksamkeit des auswählenden Lesers.

**Aber nochmals:** Eine Dritte Seite ist kein Muss. Und schlecht oder langweilig getextet spricht sie möglicherweise eher gegen als für Sie. Also Vorsicht! Überlegen Sie sich sehr gut, was Sie hier von sich vermitteln wollen. Im Zweifel lieber darauf verzichten, statt sich lächerlich zu machen!

---

**PRAXISBEISPIEL**

### Meine Schokoladenseite

*Persönlich finde ich die Einführung einer sogenannten Dritten Seite in die Bewerbungsunterlagen sehr sinnvoll. Ich kann mir aber auch vorstellen, dass nicht alle Bewerbertexte wirklich gut sind und manch einer sich mit seinen stümperhaften Aussagen eher schadet als nutzt. Im Bekanntenkreis habe ich die unterschiedlichsten Einschätzungen gehört. Viele kannten diese Möglichkeit überhaupt nicht. So entschied ich mich, es nur bei jeder zweiten Bewerbung mit einer Dritten Seite zu versuchen.*

Ob Sie Ihre Bewerbung auf Papier oder digital verschicken – es empfiehlt sich, diese Seite genauso zu gestalten wie die vorhergehenden Seiten.

## Überschrift

Die Überschrift hat die Funktion, zu überraschen, Interesse und Neugierde zu wecken und inhaltlich kurz auszusagen, worum es geht. Hier einige weitere Beispiele:

- *Zu meiner Bewerbung*
- *Meine Motivation*
- *Warum ich mich bewerbe*
- *Zu meiner Person*
- *Was Sie noch wissen sollten*
- *Ich über mich*
- *Was mich qualifiziert*
- *Warum ich?*

Der Kreativität sind fast keine Grenzen gesetzt. Überschrift und Text sollten aber passen! Eventuell schreiben Sie die Headline mit der Hand. Am besten bringen Sie erst einmal die zu vermittelnde Botschaft zu Papier und formulieren dann die geeignete Titelzeile.

## Aufbau

Was sind die Argumente und Aussagen, was ist Ihre Botschaft, die bei dem auswählenden Leser Ihr Ziel erreicht, also eine Einladung zum persönlichen Gespräch bewirkt?

Da Sie etwa 7 bis maximal 15 Zeilen zur Verfügung haben, ist hier der entscheidende Platz, Ihre Person entsprechend vorzustellen.

(Bitte nicht mehr als etwa 60 Anschläge pro Zeile, übliche Schriftgröße, bloß nicht zu klein, fürs Auge zu beschwerlich, grafisch unappetitlich.)

## Inhalt

Thematisch kommen Aussagen zu Ihrer Person, Motivation und Kompetenz infrage. Versuchen Sie aber bloß nicht, zu viele Informationen auf diese eine Seite zu pressen, das würde eher einen nachteiligen Eindruck erzeugen.

Inhaltlich darf die von Ihnen gewählte Botschaft in Zusammenhang stehen mit Aussagen im Anschreiben, mit Lebenslauf- und Arbeitsplatzstationen und darüber hinaus noch etwas persönlicher, pointierter formuliert sein.

Bloße Aufzählungen wie »Ich bin teamfähig, gewissenhaft, belastbar« etc. überzeugen wenig, bewirken eher das Gegenteil. Nicht die pure Aneinanderreihung ist ausschlaggebend, sondern die für den Leser nachvollziehbare – weil auch im Lebenslauf erkennbare – Argumentation.

## Abschluss

Ob Sie zum Abschluss mit königsblauer Tinte unterschreiben oder nicht (Ort, Datum), steht Ihnen frei. Wir jedenfalls empfehlen es.

Sehen Sie sich doch einmal die Beispiele für Dritte Seiten auf den Seiten 94 und 109 an.

# Kommentierte Bewerbungsbeispiele

# Christina Kaiser

Katharinenstraße 25
60549 Frankfurt
Mobil: 0163 / 43 544 72
E-Mail: C.Kaiser@gmx.de
www.xing.com/profile/christina_kaiser

AirServis GmbH
Frau Antje Timm
Am Flughafen 1
10245 Berlin

13. Dezember 2016

## ■ Initiativbewerbung unser gestriges Telefonat

2017 Auszubildende Servicekauffrau im Luftverkehr

Sehr geehrte Frau Timm,

vielen Dank für das ausführliche und sehr angenehme Telefongespräch.
Über die Nachricht, dass bei Ihnen ab August 2017 noch ein Ausbildungsplatz
zur Servicekauffrau im Luftverkehr frei ist, habe ich mich sehr gefreut und sende
Ihnen nun wie gewünscht meine Bewerbungsunterlagen.

Zunächst noch einmal meine wichtigsten Voraussetzungen:

- Abitur im Juni 2017
- ausgezeichnete Sprachkenntnisse des Englischen und Französischen
- gute Grundkenntnisse des Portugiesischen
- solide EDV-Kenntnisse (Word, Excel, PowerPoint, Zehnfingersystem)
- Berufserfahrung als Servicekraft
- erste Einblicke in den Berufsalltag durch Praktikum am Flughafen FRA

Ich freue mich ganz besonders darauf, Sie in Berlin zu besuchen und spätestens
im nächsten Sommer in diese schöne Stadt umzuziehen.

Mit freundlichen Grüßen aus Frankfurt

Christina Kaiser

Anlagen

Christina Kaiser / Anschreiben (Kommentar auf Seite 95)

**Christina Kaiser**

Katharinenstraße 25
60549 Frankfurt
Mobil: 0163 / 43 544 72
E-Mail: C.Kaiser@gmx.de
www.xing.com/profile/christina_kaiser

angehende Servicekauffrau im Luftverkehr:

■ freundlich im Umgang mit Kunden

■ flexibel einsetzbar

■ stressresistent

**Christina Kaiser / Deckblatt (Kommentar auf Seite 95)**

## Christina Kaiser

Katharinenstraße 25
60549 Frankfurt
Mobil: 0163 / 43 544 72
E-Mail: C.Kaiser@gmx.de
www.xing.com/profile/christina_kaiser

# Lebenslauf

Geboren am 7. April 1998 in München

## ■ Schullaufbahn

| 07/08 bis 06/17 | Goethe-Gymnasium, Frankfurt<br>Voraussichtlicher Abschluss: Abitur |
| 08/04 bis 06/08 | Grundschule, Frankfurt |

## ■ Praktische Erfahrung

| Seit 05/15 | Servicekraft<br>Café am Markt, Frankfurt |
| 07/ bis 08/14 | Praktikum als Servicekauffrau im Luftverkehr<br>Air Frankfurt, Frankfurt |

## ■ Auslandserfahrung

| 08/13 bis 06/14 | Schulaufenthalt, l'École de Lyon, Frankreich |

## ■ Sonstiges

| Sprachen | Englisch: fließend in Wort und Schrift |
| | Französisch: fließend in Wort und Schrift |
| | Portugiesisch: solide Grundkenntnisse (5 VHS-Kurse) |
| EDV-Kenntnisse | Word und Excel: sehr gut, Zehnfingersystem: gut |
| Führerschein | Klasse B, Pkw vorhanden |
| Hobbys | Reisen, Basketball, französisches Kino (besonders Filme von Jean-Pierre Jeunet) |

Frankfurt, 13. Dezember 2016

*Christina Kaiser*

**Christina Kaiser / Lebenslauf (Kommentar auf Seite 95)**

## Christina Kaiser

Katharinenstraße 25
60549 Frankfurt
Mobil: 0163 / 43 544 72
E-Mail: C.Kaiser@gmx.de
www.xing.com/profile/christina_kaiser

## Mein Traumberuf

## Servicekauffrau im Luftverkehr

Am Beruf der Servicekauffrau im Luftverkehr reizen mich besonders

die Arbeit mit Menschen und die Vielfältigkeit der Aufgaben:

Kaufmännische und organisatorische Arbeiten machen mir ebenso großen Spaß

wie der Umgang mit Gästen.

Als Servicekraft lege ich großen Wert auf Kundenorientiertheit

und habe Freude daran,

zufriedene Gäste als Stammkunden gewinnen zu können.

Zudem liebe ich das Reisen und mag es,

heute woanders als gestern und morgen zu sein.

*Christina Kaiser*

**Christina Kaiser / Dritte Seite (Kommentar auf Seite 95)**

## Christina Kaiser – Auszubildende

Bei dieser Initiativbewerbung entscheidet sich Christina Kaiser für eine Kopfzeile (mit Link zum XING-Profil), die sich immer wieder in gleicher Form über die kompletten Bewerbungsunterlagen zieht.

Die Bewerberin hat initiativ telefonisch bei der AirServis GmbH nachgefragt, ob dort ab August 2017 ein Ausbildungsplatz frei ist. Sie telefonierte mit Frau Timm, die sie nun im **Anschreiben** namentlich ansprechen kann und bei der sie sich höflich für das Telefonat bedankt. Sehr gut! Das Anschreiben ist kurz und knapp und macht Lust auf mehr!

Das **Deckblatt** ist schön gestaltet, und die Bewerberin präsentiert unter ihrem Foto (wie im Anschreiben) ihre drei wichtigsten – für diesen Ausbildungsberuf relevanten – Stärken und Argumente.

Im **Lebenslauf** bleibt Christina dem gewählten Layout treu. Auch die Dritte Seite ist – sowohl optisch als auch inhaltlich – ansprechend gestaltet und vermittelt dem Leser glaubhaft, dass sich Christina um ihren Traum-Ausbildungsplatz bewirbt. Mehr Informationen zur Dritten Seite finden Sie auf Seite 88 f.

Nur aus Platzgründen haben wir Anlagenverzeichnis und Anlagen weggelassen.

Bemerkenswert sind die Kürze des Anschreibens und die Dritte Seite, verbesserungswürdig ist hier eigentlich nichts.

### Lösung 8. Lerntest

a) Antwort: Das gut durchdachte (Mitarbeits-)Angebot (1 Punkt) und dann Ihr Sympathie weckendes Foto (noch 1 Punkt).

b) Antwort: Möglichst nur eine und die nicht zu vollgeschrieben (1 Punkt). In seltenen Fällen dürfen es auch mal eineinhalb bis zwei sein. Aber Vorsicht: Oft ist weniger mehr (1 weiterer Punkt).

c) Antwort: Mindestens ein-, wahrscheinlich aber zweimal – im Anschreiben (1 Punkt) und im Lebenslauf (1 Punkt).

Auf der Seite 123 finden Sie die **Auswertung zu den Lerntests.**

# LAURA BERGER

Alex-Str. 44 A, 67551 Worms, Tel. 06241 7785631, E-Mail: L.Berger@gmx.de

Stenger KG
Herrn Fred Görner
Hochstr. 3
67547 Worms

Worms, 20.01.2017

## INITIATIVBEWERBUNG ALS BÜROKAUFFRAU/SEKRETÄRIN

Sehr geehrter Herr Görner,

Sie planen, Ihr Team zu verstärken? Ich möchte gerne meinen Teil dazu beitragen!

Meine dreijährige Ausbildung zur Bürokauffrau habe ich im Juni erfolgreich
abgeschlossen. Bei mehreren Praktika habe ich mein Können in SAP, Publisher,
MS Word und Excel unter Beweis gestellt. Meine soliden Kenntnisse
im Sekretariatswesen, in Finanz- und Personalbuchhaltung, Rechnungslegung,
Wareneinkauf sowie Lagerhaltung konnte ich mit großer Einsatzfreude anwenden.

In meinem noch recht kurzen Arbeitsleben wurden vor allem meine Freundlichkeit,
Zuverlässigkeit, Belastbarkeit und mein Fleiß sehr geschätzt. Kundenorientierung
und ausgeprägtes Teamverhalten haben für mich einen hohen Stellenwert.
Ich bin hoch motiviert, eine neue berufliche Herausforderung anzunehmen.

Sie möchten mehr über mich erfahren?
Dann laden Sie mich zu einem persönlichen Gespräch ein!

Mit freundlichen Grüßen

*Laura Berger*

Anlagen

# BEWERBUNG

bei der Stenger KG
Herrn Fred Görner

## LAURA BERGER

### BÜROKAUFFRAU

Alex-Str. 44 A
67551 Worms
Tel. 06241 7785631
L.Berger@gmx.de

**Laura Berger / Deckblatt (Kommentar Seite 100)**

# LEBENSLAUF

## ZUR PERSON

Laura Berger
geboren am 01.09.1995 in Worms
unverheiratet, keine Kinder, ortsunabhängig

## BERUFLICHER WERDEGANG

| | |
|---|---|
| 10 / 2016 – 01 / 2017 | **Praktikum als Sekretärin**<br>in der Schieber & Partner GmbH, Worms<br>• Korrespondenz<br>• Terminierung der Berater<br>• Mitarbeit bei Akquise und Werbung |
| 08 / 2016 | **Praktikum im Sekretariat (Urlaubsvertretung)**<br>bei der Ingrid Solms GmbH, Biblis<br>• Korrespondenz nach Diktat und Phone<br>• Postein- und -ausgang |
| 07 / 2016 | **Praktikum im Sekretariat (Urlaubsvertretung)**<br>bei der Spengler Immobilien GmbH, Mannheim<br>• Mitarbeit an Informationsbroschüren<br>• Bearbeitung des Zahlungsausgangs<br>• Postein- und -ausgang |
| 02 / 2014 – 06 / 2016 | **Ausbildung zur Bürokauffrau**<br>in der Riedwald Unternehmensberatung GmbH, Worms<br>• Rechnungsbearbeitung<br>• Vorbereitende Buchhaltung<br>• Allgemeine Sekretariatsaufgaben<br>• Arbeiten im Personalbereich |

Laura Berger / Lebenslauf (Kommentar Seite 100)

## Aus- und Fortbildung

| | |
|---|---|
| 01 / 2013 – 07 / 2013 | Qualifizierungsmaßnahme „Multimedia" bei der Officetools GmbH, Mannheim |
| | • Office-Büro-Anwendungen |
| | • Kommunikationsgrundlagen |
| | • Internetnutzung |
| 10 / 2012 | „Rhetorisch überzeugen" Volkshochschule Worms |
| 09 / 2013 – 12 / 2013 | Ausbildung zur Kauffrau für Bürokommunikation beim Mehrbold Steuerberatungsbüro, Worms (Abbruch aus betriebsbedingten Gründen) |

## Schulischer Werdegang

| | |
|---|---|
| 08 / 2012 | Realschulabschluss, Note gut |
| 09 / 2002 – 08 / 2012 | Grund- und Realschule, Worms |

## Kenntnisse

| | |
|---|---|
| EDV-Kenntnisse | Buchhalterprogramme: KHK, GOD, Lexware und SAP Word, Excel, Publisher, PowerPoint |
| Führerschein | Klasse B; Fahrpraxis seit 3 Jahren |

## Freizeitinteressen

Badminton, Selbstverteidigung, Kino

Worms, 20.01.2017

*Laura Berger*

### Laura Berger – Bürokauffrau

Frau Berger möchte endlich eine bezahlte Stelle in ihrem frisch erlernten Beruf als Bürokauffrau bekommen, nachdem sie ihre Arbeitslosigkeit mit mehreren Praktika überbrückt hat. Sie verfasst eine Initiativbewerbung.

Das **Anschreiben** eröffnet die Bewerbungsunterlagen in schlichtem, aber ästhetischem Layout. Frau Berger hat einen Ansprechpartner ausfindig gemacht. Der Auftakt »Sie wollen Ihr Team verstärken? ...« spricht persönlich an. Offensichtlich hat sie Vorinformationen eingezogen und damit einen aktuellen Bezug hergestellt. Auch die Sätze »Ich bin hoch motiviert ...« und »Sie möchten mehr ...« zeigen ihr großes Interesse: Sie will richtig zupacken!

Dem Anschreiben folgt ein **Deckblatt** mit sympathischem Foto. Die junge Bürokauffrau hat ihren **Lebenslauf** »umgekehrt« (amerikanisch) aufgebaut, also mit den neuesten Daten zuerst, was sich als Standard bei Bewerbungen durchgesetzt hat. Zwar führt es auch hier zum stärkeren

Fokus auf die gerade erst beendeten Praktika, in denen sie wertvolle Berufserfahrung gewonnen hat, andererseits betont es deren Ende. Angesichts der geringen Berufspraxis der Bewerberin wäre die klassische Reihenfolge, angefangen mit der Schulbildung, auch okay gewesen – das ist in diesem Fall also Geschmackssache. Unangenehme Lücken hat sie einfach weggelassen, weil sie nur bis zu drei Monate umfassen und daher nicht extra erwähnt werden müssen. Der Hinweis auf drei Jahre Fahrpraxis ist zwar unüblich, aber bei diesem Alter noch passend, vor allem, wenn es sich um eine »Mädchen-für-alles-Position« handelt. Ihre Hobbys verstärken das Bild einer vielseitigen, aktiven jungen Frau. Diese Bewerbung hat gute Chancen auf Erfolg!

Falls diese Unterlagen per E-Mail versendet werden, könnte der Text in der begleitenden E-Mail wie folgt lauten und schon ein wenig Lust auf die angehängten Anlagen machen.

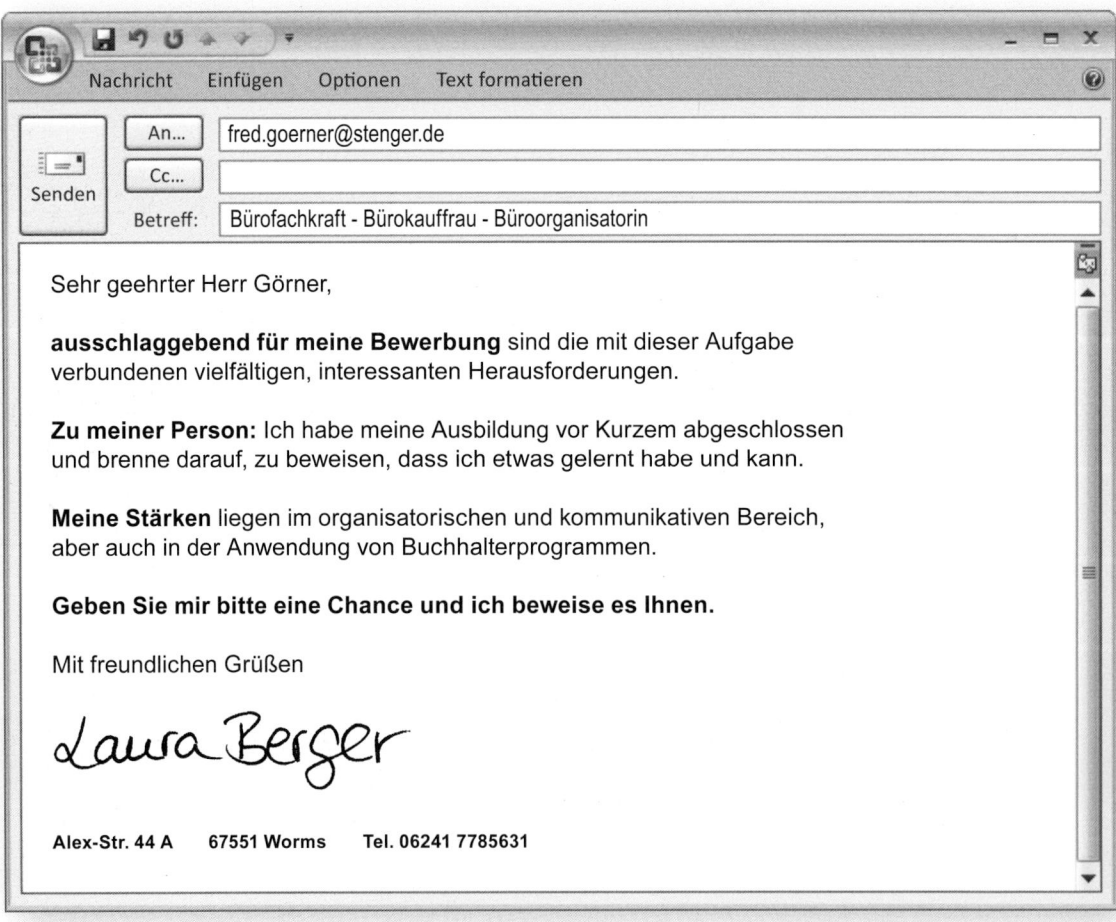

# Bewerbung • Koordinatorin

Emma Pahl
Möllegatan 4
21420 Malmö / Schweden

Nordlicht Sprachreisen GmbH
Frau Dr. Almut Kieser
Weidendamm 16
21109 Hamburg

Malmö, 10.02.2017

Sehr geehrte Frau Dr. Kieser,

da ich gerade eine neue berufliche Herausforderung in einem nordeuropäischen Umfeld suche, übersende ich Ihnen meine Bewerbungsunterlagen.

Das Anforderungsprofil einer Koordinatorin erfülle ich durch meine sechsjährige Berufspraxis bei internationalen Austauschorganisationen. Regionaler Schwerpunkt meiner derzeitigen Tätigkeit ist Schweden. Als Programm-Koordinatorin bin ich für den gesamten Ablauf der Programme verantwortlich, wobei der Schwerpunkt auf der Kundenbetreuung liegt. Meine frühere Tätigkeit als Exportassistentin sowie das Studium der europäischen BWL stellten dafür ausgezeichnete Voraussetzungen dar.

Besonderes Kommunikationsvermögen, Belastbarkeit und Organisationstalent haben mir Kollegen und Vorgesetzte häufig bestätigt. Aufgrund meiner guten Englisch- und Schwedischkenntnisse kann ich auch mit Norwegern und Dänen kommunizieren.

Ich freue mich sehr auf die Gelegenheit, mich persönlich mit Ihnen auszutauschen.

Mit freundlichen Grüßen

*Emma Pahl*

Anlagen

Emma Pahl / Anschreiben (Kommentar auf Seite 105)

# Lebenslauf • Emma Pahl

Möllegatan 4
21420 Malmö/Schweden
Tel. 0046 40 7559931
E-Mail: emma-pahl@gmail.com
geb. 10.01.1982 in Brome, ledig

## Berufliche Erfahrungen

01.2015–03.2017 DEE Exchange EU GmbH, Malmö

**Programm-Koordinatorin**
(Schwangerschaftsvertretung)

- Beratung von Bewerbern für Austauschstudien in Schweden
- Organisation und Durchführung von Vorbereitungs-Workshops
- Kontakt mit deutschen und schwedischen Universitäten
- Konferenzen, Berichte und Statistiken

03.2011–12.2014 DAAD, Berlin

**Assistentin des Geschäftsführers**

Organisation, Beratung von Kunden, Vertragsgestaltung und -abwicklung

08.2003–12.2009 Halmaan Lloyd, Bremerhaven

**Exportassistentin**

Verkaufsabwicklung, Kontrolle des Zahlungsverkehrs, Kundenbetreuung

**Emma Pahl / Lebenslauf (Kommentar auf Seite 105)**

# Lebenslauf · Emma Pahl

## Ausbildung

| | |
|---|---|
| 10.2014–03.2015 | Schwedisch- und Englischkurse Sprachenatelier Berlin |
| 2003–2006 | Diplom (FH) Europäische BWL Europäische Fernhochschule Hamburg |
| 2003 | Fachhochschulreife Abendgymnasium Bremen |
| 1998–2001 | Abgeschlossene Ausbildung zur Außenhandelskauffrau, Bremerhaven |
| 1998 | Realschulabschluss, Brome |

## Auslandsaufenthalte

| | |
|---|---|
| seit 01.2015 | Schweden: Berufstätigkeit mit Sprachpraxis |
| 01–12.2010 | Schweden, Dänemark, Norwegen: Jobs, Familienbesuche, Sprachpraxis |
| 07–10.2006 | Großbritannien: Reisen, Sprachpraxis |

## Sprachkenntnisse

| | |
|---|---|
| Englisch | verhandlungssicher |
| Schwedisch | fließend |
| Französisch | Grundkenntnisse |

## PC-Kenntnisse

| | |
|---|---|
| Bürosoftware | MS Word, Excel, Access, Outlook, Project, PowerPoint |
| Internet | Dreamweaver |

## Freizeitinteressen

| | |
|---|---|
| Kultur | Kino, Impro-Theater |
| Sport | Badminton, Windsurfen |

Malmö, 10.02.2017

*Emma Pahl*

Emma Pahl / Lebenslauf (Kommentar auf Seite 105)

# Anlagen • Emma Pahl

## Arbeitszeugnisse

DEE Exchange EU GmbH, Malmö
**Programm-Koordinatorin** (Zwischenzeugnis)

DAAD, Berlin
**Assistentin des Geschäftsführers**

Halmaan Lloyd, Bremerhaven
**Exportassistentin**

## Ausbildungszeugnisse

Europäische Fernhochschule Hamburg
**Diplom (FH) Europäische Betriebswirtschaftslehre**

Abendgymnasium Bremen
**Fachhochschulreife**

Themann & Söhne Export GmbH, Bremerhaven
**Ausbildung zur Außenhandelskauffrau**

## Referenzen

DEE Exchange EU GmbH
Sven Nyberg (Geschäftsführer)
Carl Gustafs väg 20
21420 Malmö/Schweden
Tel. 0046 40 932312-98
E-Mail: sven@dee.exchange.com

Deutscher Akademischer Austausch Dienst DAAD
Dr. Arno Hinz (Referatsleiter)
Markgrafenstraße 37
10117 Berlin
Tel. 030 2041267-4
E-Mail: drarnohinz@daad.de

Ev. Markusgemeinde
Henriette Calau (Pfarrerin)
Lange Straße 4
27580 Bremerhaven
Tel. 0471 449245

**Emma Pahl / Anlagenverzeichnis (Kommentar auf Seite 105)**

## Emma Pahl – Koordinatorin

Emma Pahl hat für ihre Bewerbung das Querformat gewählt. Das erzeugt Aufmerksamkeit und ist garantiert ein Blickfang! Sie strebt eine Tätigkeit bei einer Firma in Hamburg an, die Sprachaufenthalte nach Skandinavien vermittelt. Dieser Job ist wie für sie geschaffen, zumal sie nach ihrem längeren Aufenthalt in Schweden gern wieder in Deutschland arbeiten möchte.

Die Bewerberin beginnt ihr **Anschreiben** mit einer zartgrauen Linie größerer Punkte, in die sie den Anlass dieses Schreibens integriert hat. Daher kann sie auf eine Betreffzeile getrost verzichten. Der zweispaltige Druck, der an Buch- oder Zeitungsdruck erinnert, ist gut lesbar und wirkt professionell. In wenigen, gut formulierten Sätzen legt Frau Pahl überzeugend dar, warum sie eine wirklich geeignete Kandidatin ist. Für die Qualifikation von besonderer Bedeutung sind ihre Sprachkenntnisse, weshalb sie diese bereits im Anschreiben näher ausführt. Ihr letzter Satz zeugt nicht nur von gesundem Selbstbewusstsein, sondern knüpft in der Wortwahl auch an ihren Arbeitsbereich an.

Der **Lebenslauf**, diesmal ohne Deckblatt, integriert die gepunktete Linie vom Anschreiben sowie ein Foto im Querformat. Durch Angaben im ersten Block ihrer Berufspraxis signalisiert Frau Pahl, dass ihre Stelle befristet und sie deshalb besonders motiviert ist, etwas Neues zu finden. Wie im Allgemeinen erwünscht und für die Seitenaufteilung vorteilhaft, erläutert sie diese aktuelle Stelle wesentlich detaillierter als die vorherigen. Bei ihren beruflichen

Stationen gibt sie den Arbeitgeber zuerst an, betont aber ihre Tätigkeit durch Fettschrift. Auch die zweite Lebenslaufseite wird von der Punktlinie eingeleitet. Hier finden wir Informationen zur Ausbildung, den wichtigen Auslandsaufenthalten sowie zu Kenntnissen und Interessen. Im **Anlagenverzeichnis**, wieder mit Punktlinie, sind die beiden Spalten aufgeteilt nach Arbeits- und Ausbildungszeugnissen sowie Referenzen. In diese – international übliche – Auskunftsmöglichkeit schließt Frau Pahl nicht nur Arbeitgeber ein, sondern auch eine Pfarrerin, die sie offensichtlich in ihrer langen Zeit in Bremerhaven gut kennengelernt hat. Damit lässt sie Rückschlüsse auf ihre Konfessionszugehörigkeit zu. Diese darf zwar in Bewerbungen nicht erfragt werden, aber wenn Frau Pahl darauf verweisen möchte, um so etwas über ihre Wertvorstellungen auszusagen, ist diese Form eine Möglichkeit.

Die Bewerbung von Emma Pahl vereint kreative, optische Anreize, inhaltliche Argumente und einen übersichtlichen Aufbau. Sie hat gute Chancen, die Empfängerin zu motivieren, die Bewerberin zu einem Gespräch einzuladen!

Ihre Unterlagen könnte Emma Pahl sowohl per Post als auch im Anhang einer E-Mail verschicken. Im PDF-Format lassen sich Bewerbungen auch im Querformat verschicken: Legen Sie Ihr Dokument im Textverarbeitungsprogramm im Querformat (quadratisch wäre z. B. auch eine interessante Option) an, konvertieren Sie die Datei ins PDF-Format und versenden Sie Ihre Bewerbung per Mail. Unten sehen Sie den E-Mail-Text der Bewerberin, der kurz und knapp die Bewerbung in der Anlage moderiert.

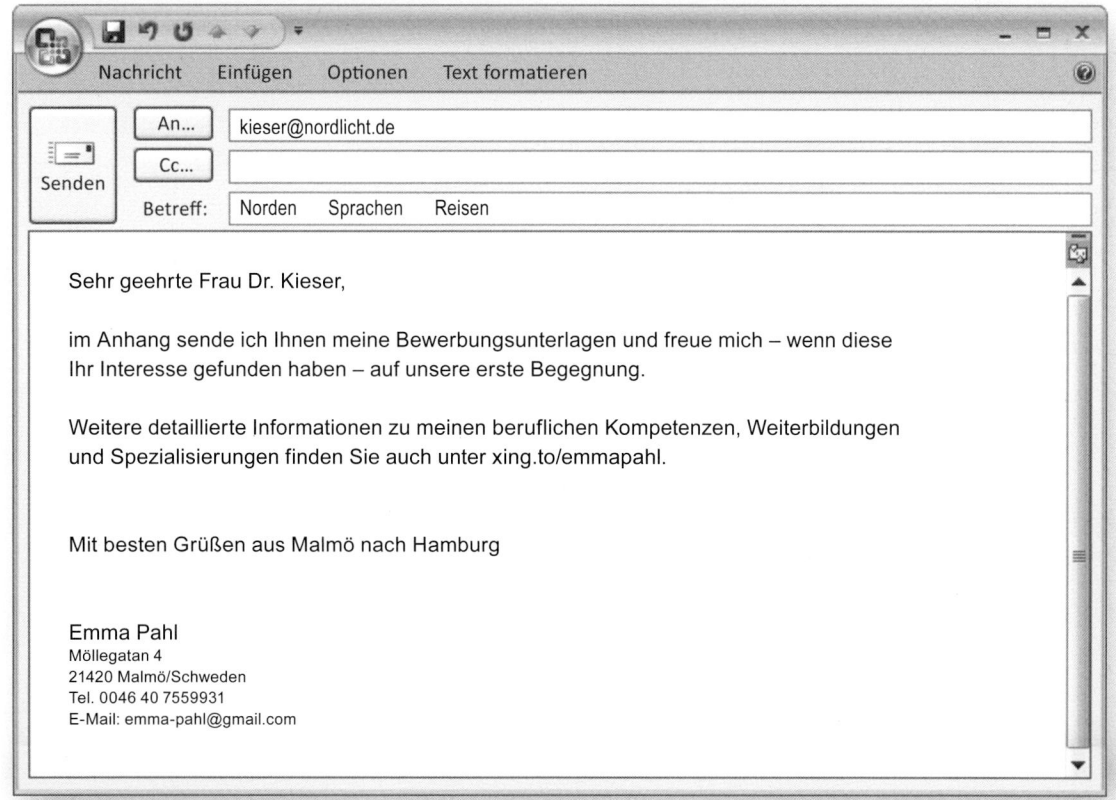

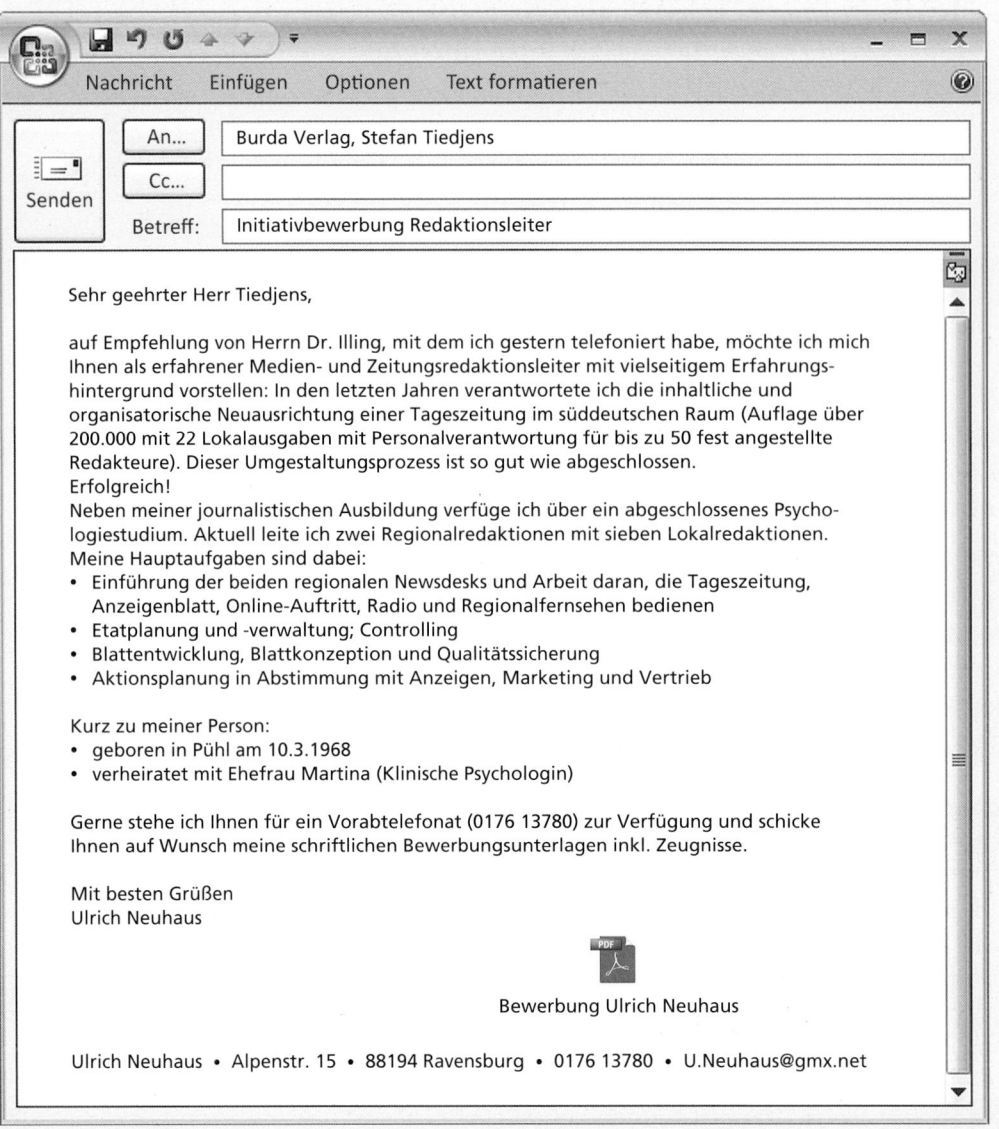

Sehr geehrter Herr Tiedjens,

auf Empfehlung von Herrn Dr. Illing, mit dem ich gestern telefoniert habe, möchte ich mich Ihnen als erfahrener Medien- und Zeitungsredaktionsleiter mit vielseitigem Erfahrungshintergrund vorstellen: In den letzten Jahren verantwortete ich die inhaltliche und organisatorische Neuausrichtung einer Tageszeitung im süddeutschen Raum (Auflage über 200.000 mit 22 Lokalausgaben mit Personalverantwortung für bis zu 50 fest angestellte Redakteure). Dieser Umgestaltungsprozess ist so gut wie abgeschlossen. Erfolgreich!
Neben meiner journalistischen Ausbildung verfüge ich über ein abgeschlossenes Psychologiestudium. Aktuell leite ich zwei Regionalredaktionen mit sieben Lokalredaktionen. Meine Hauptaufgaben sind dabei:

- Einführung der beiden regionalen Newsdesks und Arbeit daran, die Tageszeitung, Anzeigenblatt, Online-Auftritt, Radio und Regionalfernsehen bedienen
- Etatplanung und -verwaltung; Controlling
- Blattentwicklung, Blattkonzeption und Qualitätssicherung
- Aktionsplanung in Abstimmung mit Anzeigen, Marketing und Vertrieb

Kurz zu meiner Person:
- geboren in Pühl am 10.3.1968
- verheiratet mit Ehefrau Martina (Klinische Psychologin)

Gerne stehe ich Ihnen für ein Vorabtelefonat (0176 13780) zur Verfügung und schicke Ihnen auf Wunsch meine schriftlichen Bewerbungsunterlagen inkl. Zeugnisse.

Mit besten Grüßen
Ulrich Neuhaus

Bewerbung Ulrich Neuhaus

Ulrich Neuhaus • Alpenstr. 15 • 88194 Ravensburg • 0176 13780 • U.Neuhaus@gmx.net

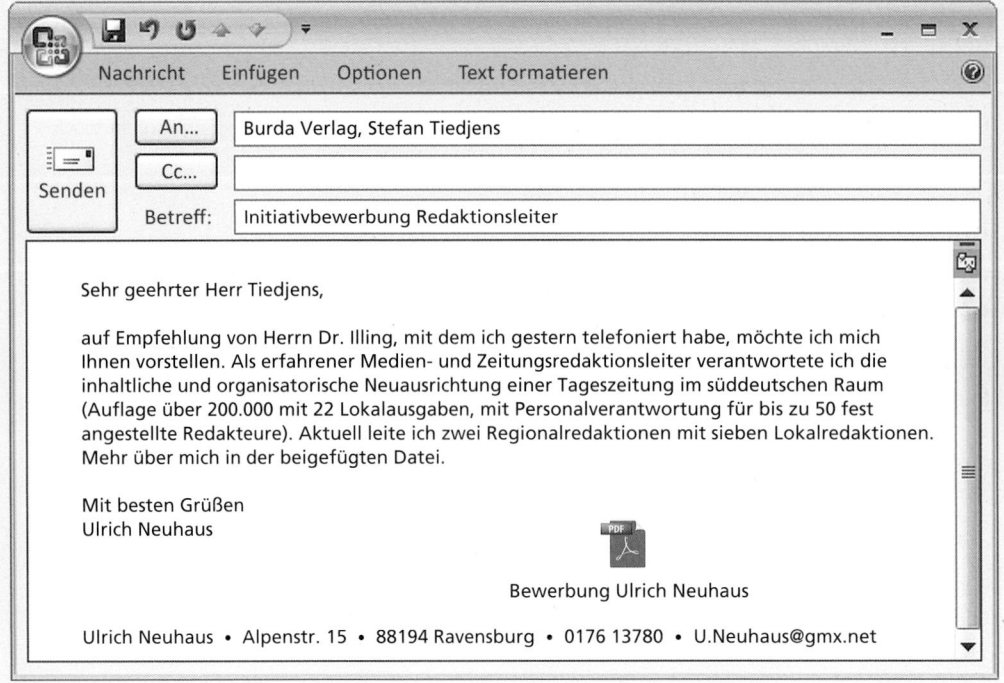

Sehr geehrter Herr Tiedjens,

auf Empfehlung von Herrn Dr. Illing, mit dem ich gestern telefoniert habe, möchte ich mich Ihnen vorstellen. Als erfahrener Medien- und Zeitungsredaktionsleiter verantwortete ich die inhaltliche und organisatorische Neuausrichtung einer Tageszeitung im süddeutschen Raum (Auflage über 200.000 mit 22 Lokalausgaben, mit Personalverantwortung für bis zu 50 fest angestellte Redakteure). Aktuell leite ich zwei Regionalredaktionen mit sieben Lokalredaktionen. Mehr über mich in der beigefügten Datei.

Mit besten Grüßen
Ulrich Neuhaus

Bewerbung Ulrich Neuhaus

Ulrich Neuhaus • Alpenstr. 15 • 88194 Ravensburg • 0176 13780 • U.Neuhaus@gmx.net

Ulrich Neuhaus / E-Mail-Anschreiben (Kommentar Seite 110)

# ULRICH NEUHAUS MEDIEN- UND ZEITUNGSREDAKTIONSLEITER

ALPENSTRASSE 15   88194 RAVENSBURG   TELEFON: 0751 1248 / 0176 13780   E-MAIL: U.NEUHAUS@GMX.NET

## LEBENSLAUF

- ◆ geboren in Pühl am 10.03.1968
- ◆ verheiratet mit Ehefrau Martina (Klinische Psychologin)
- ◆ eine Tochter (10 Jahre)

### BERUFSSTATIONEN

*Oktober 2014 bis heute*

**Projektleiter** im Medienhaus SCHWABEN VERLAGS AG
„Zeitung mit Zukunft: die inhaltliche und organisatorische Neuausrichtung
der SCHWABEN-ZEITUNG":

- ◆ neue Blattkonzepte für alle 22 Ausgaben
- ◆ Einführung von sechs regionalen und einem Mantel-Newsdesk
- ◆ Schulungen und Trainings
- ◆ journalistische Qualitätssicherung

„Neuaufstellung der vier Ausgaben der SZ im Landkreis Sensenburg"
- ◆ verbessertes Niveau in der Marktbearbeitung von Redaktion, Vertrieb / Anzeigen
- ◆ nachhaltige Auflagensteigerung und Steigerung der Erlöse in und um Sensenburg

*Januar 2007 bis heute*

**Regionalchef** der SCHWABEN-ZEITUNG (185.000 Ex. Gesamtauflage)
in den Landkreisen Esslingen und Maringen
- ◆ Produktverantwortung für zwei Regionalteile und sechs Lokalausgaben
- ◆ Personal- und Budgetverantwortung für zwei Regionalredaktionen
  und bis zu 50 Redakteure und feste Redaktionsmitarbeiter
- ◆ Konzeption und Einführung des Regionalauftritts mit regionalen Nachrichten-,
  Wirtschafts- und Serviceseiten

*Januar 2002 bis Dezember 2006*

**Leiter der Lokalredaktion** Alde / Memminger Tageszeitung
DIE STIMME (100.000 Ex. Gesamtauflage)
- ◆ Blattplanung
- ◆ Personaleinsatz
- ◆ Leser-Blatt-Aktionen
- ◆ Konzeption des Internetauftritts

*März 2001 bis Dezember 2001*

**Redakteur** in der Lokalredaktion Alde / Memminger Tageszeitung
DIE STIMME
- ◆ Schwerpunktthemen Stadtplanung, Gesundheitswesen
- ◆ Ausbildung freier Mitarbeiter
- ◆ Computerseite für DIE STIMME

**Ulrich Neuhaus / Lebenslauf (Kommentar Seite 110)**

*April 1994 bis März 2001*

**Redakteur** bei der kirchlichen Monatszeitung DIE BIBELPOST
in Bad Kreisstatt

◆ Reportagen aus dem Ausland (Philippinen, Südamerika)

◆ Kirchenpolitik

## PSYCHOLOGIESTUDIUM IN BREMEN, REIMS UND MÜNSTER

*September 1992 bis März 1994*

Universität Bremen
Abschluss als Diplom-Psychologe

*September 1991 bis August 1992*

Institut Psychologique, Reims

*April 1989 bis August 1991*

Psychologiestudium an der Universität Münster

## WEHRDIENST

*Januar 1988 bis März 1989*

Im Stab einer Artillerie-Einheit

## SCHULAUSBILDUNG

*August 1978 bis Juni 1987*

Schiller-Gymnasium in Münster, Abitur

## SPRACHEN

◆ Französisch:  fließend

◆ Englisch:     fließend

◆ Spanisch:     stabile Grundkenntnisse

## ENGAGEMENT UND HOBBYS

◆ ehrenamtliche Presse- und Telefonarbeit für die Kölner Telefonseelsorge

◆ Segeln

Dingen, 7. Februar 2017

*Ulrich Neuhaus*

Ulrich Neuhaus / Lebenslauf (Kommentar Seite 110)

# ULRICH NEUHAUS MEDIEN- UND ZEITUNGSREDAKTIONSLEITER

ALPENSTRASSE 15   88194 RAVENSBURG   TELEFON: 0751 1248 / 0176 13780   E-MAIL: U.NEUHAUS@GMX.NET

## LEISTUNGSPROFIL

### Führung von zwei Regionalredaktionen mit sieben Lokalredaktionen

◆ Einführung von und Arbeit an zwei regionalen Newsdesks, die Tageszeitung, Anzeigenblatt, Online-Auftritt, Radio und Regionalfernsehen bedienen
◆ Personalplanung und -einsatz für 50 Redakteure und feste Redaktionsmitarbeiter
◆ Etatplanung und -verwaltung, Controlling
◆ Blattentwicklung, Blattkonzeption und Qualitätssicherung
◆ Aktionsplanung in Abstimmung mit Anzeigen, Marketing und Vertrieb
◆ Repräsentation der Redaktion nach außen
◆ Führung und Ausbildung der freien Mitarbeiter

### Blattentwicklung und Projektmanagement

◆ Leitung des Projekts „Zeitung mit Zukunft" für die Gesamtredaktion der Schwaben-Zeitung als Beauftragter des Herausgebers und Chefredakteurs
◆ neue Konzeption für die Schwaben-Zeitung, die sich seit 2007 deutlicher als bisher regional positioniert
◆ Entwicklung neuer lokaler Blattkonzepte für über 20 Lokalausgaben
◆ Qualitätssicherung der Blattkonzepte
◆ Konzeption und Einführung von sechs regionalen Newsdesks und dem Zentral-Newsdesk in der Hahnkircher Zentralredaktion
◆ Entwicklung von Schulungen und Trainings für alle Redakteure und freien Mitarbeiter zur Einführung journalistisch-ethischer Standards

### Ausbildung der Volontäre

◆ Begleitung der Volontäre in regelmäßigen Gesprächen, Beurteilung
◆ Planung der internen und externen Ausbildungsstationen

### Journalistische Tätigkeiten

◆ eigenständige Berichterstattung in allen journalistischen Darstellungsformen für Zeitungen, Zeitschriften, Agenturen und Pressestellen
◆ Redaktion fremder Texte
◆ Auswahl von Fotos, eigene Bildberichterstattung
◆ Layout kompletter Seiten von A bis Z im elektronischen Ganzseitenumbruch
◆ inhaltliche und grafische Gestaltung von Themenseiten der Wochenendbeilagen
◆ Redaktion der Computerseite der Stimme

### Leser-Blatt-Bindung

◆ Aktionen für die Leser-Blatt-Bindung (z. B. Diskussionsveranstaltungen „Ihre Lokalzeitung vor Ort", „Zeitung in der Schule")
◆ Begleitung von Leserreisen mit bis zu 300 Teilnehmern

### Zeitungstechnik und EDV

◆ Planung und Einsatz moderner Redaktionssysteme (InDesign, QuarkXPress)
◆ Zeitungsproduktion (fünf Lokalausgaben, teilweise in 4C)
◆ digitale Fotografie

### Weiterbildung

◆ Seminare „Service im Lokaljournalismus", „Platz 1 für den Lokalteil"
◆ Projektmanagement, Mitarbeitergespräch, Gerichtsberichterstattung

Ulrich Neuhaus / Leistungsprofil (Kommentar Seite 110)

### Zu den Unterlagen von Ulrich Neuhaus, Geschäftsführer

Ulrich Neuhaus, ein erfolgreicher »Medien- und Verlagsmensch«, präsentiert sich seinem potenziellen neuen »Auftraggeber« per E-Mail-Bewerbung. Auf der ersten Seite sehen Sie zwei Varianten eines Anschreibens direkt in der Maske des E-Mail-Programms. Das erste ist getextet wie ein klassisches Anschreiben, das bei einer konventionellen Bewerbungsmappe obenauf liegen würde. Lebenslauf und Leistungsprofil sind als PDF-Datei angehängt.

Alternativ (vgl. die E-Mail-Maske unten) könnte ein ausführliches **Anschreiben**, formal gestaltet wie ein Brief, auch als PDF angehängt werden. Dann dient der Kurztext in der Mailmaske nur dazu, die beigefügten Anlagen zu moderieren, und darf entsprechend knapp gehalten sein.

In der Regel erwartet der Empfänger maximal drei Anlagen: Anschreiben, Werdegang und extra zusammengestellt die Arbeitszeugnisse. Besser ist es, alle Anlagen in einer Datei zusammenzufassen, wie hier geschehen.

Nun zum Anhang, den wir Ihnen als »Ausdruck« zeigen: Angenehm ist die durchgängige grafische Gestaltung der Seiten mit der einheitlichen Kopfzeile (sie enthält alle wichtigen Kontaktdaten).

Im **Lebenslauf** präsentiert der Bewerber nach seinen Sozialdaten (neben der Ehefrau wird hier auch die Tochter genannt) als Erstes seine Berufsstationen. Diese sind beeindruckend. Sehr geschickt, wie hier die wichtigsten Verantwortungsbereiche bei jeder Station auf den Punkt gebracht werden. Schon das gibt einen guten Einblick in die Arbeitswelt und Aufgabenvielfalt des Kandidaten. Die zweite Seite ist dann hauptsächlich der Ausbildung und den anderen üblichen Rubriken vorbehalten.

Zum Foto auf der ersten Lebenslaufseite: Ein bisschen klein geraten ist dieses Porträtfoto, und dabei soll es doch helfen, die Bewerberpersönlichkeit zu transportieren. Schade, Ziel verfehlt! Aber zugegeben, es gibt weitaus Schlimmeres zu sehen …

Jetzt folgt aber noch eine **Dritte Seite**, überschrieben mit Leistungsprofil. Das macht sofort neugierig. Auch wenn diese Seite etwas überladen wirkt, wird der Empfänger sich nicht entziehen können und das angebotene Material studieren. Genau dafür wurde diese Seite geschaffen. In sieben Punkten präsentiert uns der Medienmensch Neuhaus seine beruflichen Highlights. Warum er zu guter Letzt auch noch den Punkt »Weiterbildung« eingefügt hat, erklärt sich leider nicht. Hat er diese Themen als Referent angeboten oder sich selbst als Teilnehmer weitergebildet? Diese Frage könnte beim Vorstellungsgespräch auftauchen.

Insgesamt handelt es sich um eine schöne Bewerbung mit Aussicht auf Erfolg – wenn auch ein Punkt im Leistungsprofil ungeklärt bleibt.

Max von Dabelstein • Via Miastra 12 • CH–7500 St. Moritz

**Villeroy & Boch AG**
Direktion
Herrn Dr. Ankiewic
Postfach 1120
D–66688 Mettlach

**Max von Dabelstein**
Diplom-Kaufmann
Via Miastra 12
CH–7500 St. Moritz
Tel. +41 81 566 76 43
max@dabelstein.ch

31.03.2017

Unser Telefonat am heutigen Tage

Sehr geehrter Herr Dr. Ankiewic,

vielen Dank für das ausführliche Gespräch.
Hier, wie verabredet, meine Unterlagen.

Ich beabsichtige, mich zum Jahresende beruflich
neu zu orientieren, und würde sehr gerne für
Ihr Unternehmen von Deutschland aus neue
Vertriebsstrukturen im Bereich Sanitärkeramik
entwickeln.

Meine jetzige Position bindet mich voraussichtlich
bis zum 30.11.2017, sodass ich Ihren Wünschen gemäß
zum Jahresanfang die neu geschaffene Position
in Ihrem Export-Headquarter einnehmen kann.

Von Ihnen bald zu hören, würde mich sehr freuen;
bis dahin verbleibe ich

mit freundlichen Grüßen

*Max von Dabelstein*

Anlagen

**Max von Dabelstein / Anschreiben (Kommentar auf Seite 118)**

**Max von Dabelstein**
Diplom-Kaufmann
Via Miastra 12
CH–7500 St. Moritz
Tel. +41 81 566 76 43
max@dabelstein.ch

BEWERBUNGSUNTERLAGEN FÜR | VILLEROY & BOCH

**Max von Dabelstein / Deckblatt (Kommentar auf Seite 118)**

**Max von Dabelstein**
Diplom-Kaufmann
Via Miastra 12
CH–7500 St. Moritz
Tel. +41 81 566 76 43
max@dabelstein.ch

St. Moritz, 31.03.2017

| 03.02.1972 | **Geburtsdatum** |
|---|---|
| Wien | **Geburtsort** |
| verheiratet zwei Kinder ortsungebunden | **Familienstand** |
| Österreicher | **Nationalität** |
| Export Sales Director | **Position** |
| Sanitärkeramik | **Produkt** |
| *Macco* und *Marit* | **Marken** |

**Max von Dabelstein / Lebenslauf (Kommentar auf Seite 118)**

**Max von Dabelstein**
Diplom-Kaufmann
Via Miastra 12
CH–7500 St. Moritz
Tel. +41 81 566 76 43
max@dabelstein.ch

## CURRICULUM VITAE   Berufspraxis

**Pollag S.R.L.**
Turin

| | |
|---|---|
| Leitung des Gesamtexportes von Sanitärkeramik für die Markenprodukte *Macco* sowie *Marit* in die Exportländer der Europäischen Union | seit 04.2012 |
| Prokura | seit 01.2008 |
| Exportleitung *Macco* für USA, Kanada | 05.2007–12.2008 |
| Exportsachbearbeitung *Macco* für Deutschland | 04.2004–04.2007 |

**Niethammer GmbH**
Gernsheim

| | |
|---|---|
| Assistent der Exportleitung für Skandinavien | 08.2000–03.2004 |

**Wand und Boden AG**
Berlin

| | |
|---|---|
| Exportsachbearbeiter | 04.1998–07.2000 |

**Rosenthal AG**
Nürnberg

| | |
|---|---|
| Trainee | 01.1997–03.1998 |

**Max von Dabelstein / Lebenslauf (Kommentar auf Seite 118)**

**Max von Dabelstein**
Diplom-Kaufmann
Via Miastra 12
CH–7500 St. Moritz
Tel. +41 81 566 76 43
max@dabelstein.ch

## CURRICULUM VITAE    Ausbildung

**Ludwig-Maximilians-Universität**
München

Studienschwerpunkt Außenhandelswirtschaft
Diplom in Betriebswirtschaft
Gesamtnote: sehr gut    31.10.1996

**Universität St. Gallen**
Schweiz

Betriebswirtschaftliches Vordiplom    15.09.1993

**Wolfgang-Amadeus-Mozart-Gymnasium**
Wien

Abitur    10.06.1990

Max von Dabelstein / Lebenslauf (Kommentar auf Seite 118)

**Max von Dabelstein**
Diplom-Kaufmann
Via Miastra 12
CH–7500 St. Moritz
Tel. +41 81 566 76 43
max@dabelstein.ch

## ZUSATZQUALIFIKATIONEN

| | |
|---|---|
| Englisch, Italienisch, Schwedisch | **Fremdsprachen** |
| MS-Office XP Professional, SAP R/3 | **EDV-Kenntnisse** |

**Intl. Marketing Ass.**
London

| | |
|---|---|
| International Marketing Program Studies | 10.2014 |

**Management Academy**
London

| | |
|---|---|
| Rentabilitätsrechnung und Investitionscontrolling | 08.2013 |
| Investitionsgüter und Systemmarketing | 10.2011 |
| Arbeitstechnik, Führungsverhalten, Konfliktmanagement | 06.2010 |
| Rhetorik und Präsentation | 01.2009 |

**Sprachkurse**

| | |
|---|---|
| Conversation/Business English I und II | 05.2008, 07.2011 |
| Cambridge | |
| Business-Italienisch | 08.2004 |
| Verona | |

**Max von Dabelstein / Lebenslauf (Kommentar auf Seite 118)**

**Max von Dabelstein**
Diplom-Kaufmann
Via Miastra 12
CH–7500 St. Moritz
Tel. +41 81 566 76 43
max@dabelstein.ch

# ANLAGENVERZEICHNIS

Zwischenzeugnis Pollag S.R.L.

Arbeitszeugnis/Empfehlungsbrief
Niethammer GmbH

Arbeitszeugnis Wand und Boden AG

Arbeitszeugnis Rosenthal AG

Diplom

Fortbildungsnachweise

Max von Dabelstein / Anlagenverzeichnis (Kommentar auf Seite 118)

## Max von Dabelstein – Diplom-Kaufmann

Max von Dabelstein, der sich bei einem weltweit führenden Keramikproduzenten um eine leitende Position bewirbt, beeindruckt schon durch seinen Namen. Aber auch zur Gestaltung dieses Bewerbungsbeispiels ist wohl kaum ein Kommentar notwendig, diese schönen Seiten sprechen für sich. Der Kandidat präsentiert sich mit außergewöhnlich ästhetisch gestalteten Unterlagen, wobei allen Bausteinen das gleiche Design zugrunde liegt.

Das ist an der eher schlichten E-Mail, mit der er seine Bewerbungsunterlagen ankündigt (siehe unten), noch nicht erkennbar, zeigt sich aber bereits im **Anschreiben**, einem Beispiel, wie lohnend das Ergebnis sein kann, wenn man es wagt, die konventionellen Formen der Briefgestaltung zu verlassen. Der Anschreibentext knüpft an ein Telefonat an, das im Rahmen dieser Initiativbewerbung geführt wurde. Der Text ist absolut knapp gehalten und spiegelt den Stil der gesamten Bewerbungsunterlagen wider.

Ein fast minimalistisches, aber nicht weniger ästhetisches **Deckblatt** eröffnet den Reigen der Bewerbungsunterlagen. Auf der ersten Seite präsentiert der Bewerber seine Sozialdaten und fügt Informationen über seine aktuelle Position hinzu. Die von uns sonst eher für überflüssig gehaltene explizite Anführung der Rubriken Geburtsdatum/Geburtsort/Familienstand etc. wirkt hier in der Umkehrung der üblichen Reihenfolge als besonderes Stilmittel, das wie die gesamte Mappe auf einen sehr motivierten Bewerber mit hohen Qualitätsansprüchen rückschließen lässt.

Hier sind auf den folgenden zwei Seiten **Lebenslauf**, Berufspraxis und Ausbildung in einer neuen, beeindruckenden Weise präsentiert. Eine Extraseite gibt Auskunft über die Zusatzqualifikationen und behandelt das Weiterbildungsengagement. Auch das **Anlagenverzeichnis** trägt seinen Teil zur ästhetischen Gesamtwirkung bei.

Das Foto wirkt seriös und an sich eher unspektakulär, zieht aber durch die Kombination mit der handschriftlichen Unterschrift die Blicke auf sich und weckt Interesse am Bewerber. Diese Bewerbung ist ein richtiges kleines Kunstwerk, wirklich exzellent. Trotzdem vermissen wir die Unterschrift unter dem Lebenslauf – wie schade!

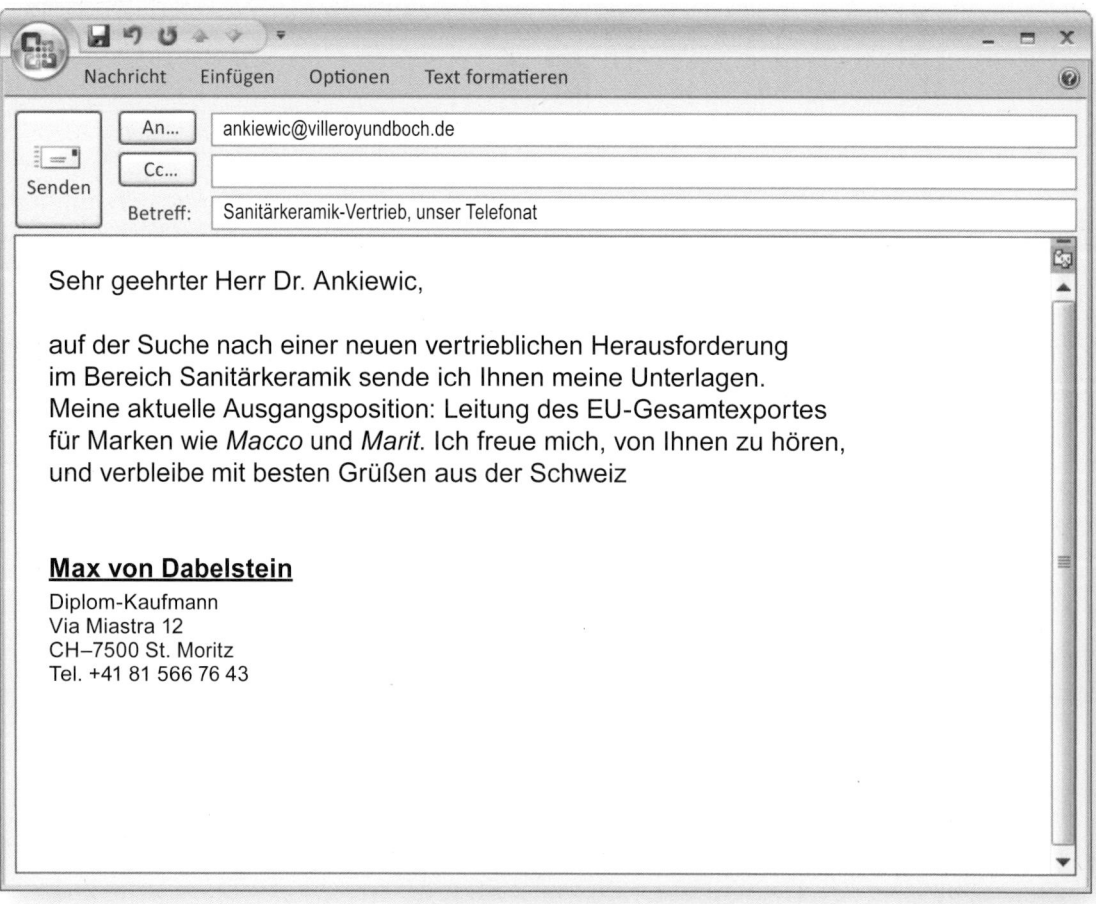

An... ankiewic@villeroyundboch.de

Cc...

Betreff: Sanitärkeramik-Vertrieb, unser Telefonat

Sehr geehrter Herr Dr. Ankiewic,

auf der Suche nach einer neuen vertrieblichen Herausforderung im Bereich Sanitärkeramik sende ich Ihnen meine Unterlagen. Meine aktuelle Ausgangsposition: Leitung des EU-Gesamtexportes für Marken wie *Macco* und *Marit*. Ich freue mich, von Ihnen zu hören, und verbleibe mit besten Grüßen aus der Schweiz

**Max von Dabelstein**
Diplom-Kaufmann
Via Miastra 12
CH–7500 St. Moritz
Tel. +41 81 566 76 43

# Ausblicke –
# wie es erfolgreich weitergeht

## DAS VORSTELLUNGSGESPRÄCH

Jetzt geht es vor allem darum:

1. die Prüfungssituation Vorstellungsgespräch erfolgreich zu bewältigen. Das bedeutet für Sie, zu überzeugen und Vertrauen zu schaffen.
2. den Arbeitsplatz mit seinen Aufgaben und Bedingungen sowie die Vorgesetzten und Kollegen, soweit es Ihnen möglich ist, zu prüfen.

Es ist also durchaus eine Prüfung, die auf beiden Seiten stattfindet. Jedoch sind die Machtverhältnisse ein bisschen ungleich verteilt. Es gibt viele potenzielle Bewerber, aber leider nicht so viele freie Arbeitsstellen. Und dennoch: Ihre Initiativbewerbung ist etwas Besonderes, Ihr Vorgehen unterscheidet Sie von anderen.

Sie haben durch Ihre überzeugenden Initiativbewerbungsunterlagen nachhaltiges Interesse geweckt. Und deshalb hat man Sie zum Vorstellungsgespräch eingeladen. – Herzlichen Glückwunsch!

Auf diese zweite, jetzt mündliche Prüfungshürde können Sie sich genauso gut vorbereiten wie auf die schriftliche, die Sie bereits geschafft haben. Die Fragen, die Ihnen im Vorstellungsgespräch gestellt werden, stehen bereits alle fest. Somit gibt es keinen Grund, sich zu sorgen oder gar zu ängstigen. Denn wenn Sie gut vorbereitet sind, haben Sie auch einen festen Standpunkt, von dem aus Sie argumentieren und überzeugen können. Umfassend vorbereitet zu sein hilft Ihnen deutlich besser als der gut gemeinte, aber in der Prüfungssituation Bewerbungsgespräch nicht ohne Weiteres umsetzbare Ratschlag, authentisch zu bleiben.

### Wie lange dauert ein Vorstellungsgespräch?
Es lässt sich nicht genau voraussagen, wie viel Zeit Sie für ein Gespräch einplanen müssen. Natürlich kommt es dabei auch auf den Arbeitsplatz an, den es zu besetzen gilt. Die meisten Vorstellungsgespräche dauern zwischen einer und zwei Stunden.

---

**VERSÄUMNISSE**

**Die 7 folgenreichsten Versäumnisse im Zusammenhang mit Ihren Initiativbewerbungsaktivitäten**

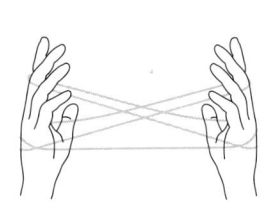

- Sich nicht des Rates, der Unterstützung durch einen Bewerbungscoach oder sonstigen Profi in diesen Dingen zu bedienen
- Das Internet als Medium zur Recherche zu ignorieren
- Das Telefon als strategisches Instrument nicht einzusetzen
- Kein aktives Stellengesuch im Internet und in Printmedien zu schalten
- Bei allen Aktivitäten nicht oder nur zögerlich auf das eigene Netzwerk zurückzugreifen
- Aus Fehlern nicht genug zu lernen
- Sich nicht kritisch und konstruktiv mit sich selbst auseinanderzusetzen

## Was wird von Ihnen erwartet?

Ein Arbeitgeber will bei einem Vorstellungsgespräch vor allem überprüfen, ob ein Bewerber die persönlichen und beruflichen Voraussetzungen erfüllt. Er will den Arbeitsplatz mit dem besten Kandidaten besetzen, der auch optimal in die Firma passt. Dabei dreht sich alles um die folgenden drei Aspekte:

- Ihre Persönlichkeit
- Ihre Leistungsbereitschaft
- Ihre Fähigkeiten

### Ihre Persönlichkeit

Dazu stellt sich der Arbeitgeber die folgenden Fragen:

- Wirken Sie sympathisch und vertrauenswürdig?
- Sind Sie anpassungsfähig und können Sie im Team arbeiten?
- Passen Sie zum Unternehmen, zu den Kunden, den Geschäftspartnern und ins Kollegenteam?

### Ihre Leistungsbereitschaft
- Bringen Sie Interesse oder besser noch Leidenschaft für die Arbeitsaufgaben mit?
- Sind Sie besonders lernwillig, einsatzbereit und arbeitsfreudig?
- Werden Sie sich ganz und gar für Ihre Aufgabe und die Firma einsetzen?

### Ihre Fähigkeiten

Haben Sie die Kenntnisse und Erfahrungen, die für den Arbeitsplatz notwendig sind? Und passen Sie auch gehaltlich zu dem Unternehmen (nicht zu teuer, aber auch nicht auffällig billig / unter Preis)?

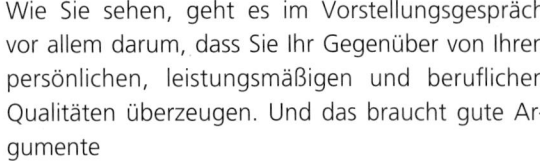

**PRAXISBEISPIEL**

### Bewerben ohne Bewerbung

*Nach einem sehr interessanten Fachartikel, der auch Teile meines Arbeitsgebietes betraf, gelang es mir, über die Redaktion die E-Mail-Adresse des Autors herauszubekommen. Ich schrieb ihm einen freundlichen Dank und Gruß und lobte seinen Artikel. Dann fragte ich an, ob er am Austausch weiterer Erfahrungen auf dem Gebiet interessiert sei. Und ob, ich bekam sehr schnell Antwort und konnte offensichtlich mit meinen Erfahrungen und meinem Wissen bei ihm punkten. Als ich beiläufig erwähnte, mich beruflich gerade umzuschauen, bot er spontan an, einen Termin mit seiner Personalabteilung zu arrangieren. Das nahm ich dankend an, und wenig später verhandelte ich meinen Einstieg in die neue Firma.*

Wie Sie sehen, geht es im Vorstellungsgespräch vor allem darum, dass Sie Ihr Gegenüber von Ihren persönlichen, leistungsmäßigen und beruflichen Qualitäten überzeugen. Und das braucht gute Argumente

### So bereiten Sie sich vor
Informieren Sie sich so genau wie möglich. Holen Sie so viele Informationen ein, wie es geht, über …

- die Firma, bei der Sie sich bewerben,
- die Branche, in der die Firma tätig ist,
- den Arbeitsbereich, für den Sie sich empfehlen, und
- die Aufgaben, die Sie erwarten.

Sie sollten die wichtigsten Frage- und Antworttechniken kennen und wissen, wie Sie am besten auf unangenehme Fragen reagieren.

Übrigens: Sie sprechen auch mit Ihrem Körper – seien Sie sich im Klaren über die bedeutenden Signale der Körpersprache.

Wenn Sie mit dem üblichen Gesprächsablauf und den wichtigsten Fragen eines Vorstellungsgesprächs vertraut sind, hilft das gegen Unsicherheit. Sie wissen dann, was Sie erwartet, und können sich umso besser darauf vorbereiten.

Lesen Sie Ihren Lebenslauf noch einmal durch, bevor Sie zum Vorstellungsgespräch gehen. Das kann wichtig sein. Denn bestimmt werden Sie darauf angesprochen, und dann sollten Sie die Daten parat haben und zu einzelnen Punkten näher Auskunft geben können.

### Die Gesprächsphasen
Jedes professionell geführte Vorstellungsgespräch läuft nach folgendem Schema ab:

1. Begrüßung und Einleitung des Gesprächs
2. Fragen danach, warum Sie sich beworben haben und was Sie erreichen wollen
3. Fragen zu Ihrer Ausbildung und Ihrem beruflichen Werdegang
4. Fragen zu Ihrem persönlichen Hintergrund
5. Fragen zu Ihrem Gesundheitszustand (die eigentlich nur zulässig sind, wenn die Einsatzfähigkeit auf dem vorgesehenen Arbeitsplatz davon abhängt)
6. Fragen zu Ihrer beruflichen Kompetenz und Eignung
7. Informationen über die Stelle und die Firma für Sie als Bewerber
8. Die Arbeitsbedingungen
9. Fragen, die Sie als Bewerber haben
10. Abschluss des Gesprächs und Verabschiedung

### Die wichtigsten Fragen

Die Fragen, die bei einem Vorstellungsgespräch an Sie gerichtet werden können, stehen schon fest. Überlegen Sie sich bereits vorher Ihre Antworten und welchen Eindruck Sie hinterlassen möchten.

- Erzählen Sie uns etwas über sich (Ihren Lebenslauf, Werdegang, etwas, das nicht in den Bewerbungsunterlagen steht)!
- Warum bewerben Sie sich für diese Aufgabe bei uns?
- Warum sind Sie der richtige Kandidat?
- Was erwarten Sie für sich? Von uns? Von dem Job?
- Was sind Ihre Stärken/Schwächen/Erfolge/Misserfolge bzw. worauf sind Sie stolz, worauf nicht?
- Was möchten Sie in drei, in fünf, in zehn Jahren erreicht haben und warum?
- Warum haben Sie diesen Beruf gewählt?
- Warum haben Sie von Firma/Position X in Firma/Position Y gewechselt? Was haben Sie dort erreicht? Warum haben Sie erneut gewechselt?
- Wo liegen aktuell Ihre Arbeitsschwerpunkte?
- Wie verbringen Sie Ihre Freizeit?
- Welche Fragen haben Sie an uns?

### Kleiner Exkurs

Die hier vorgestellten elf Fragen sind von besonderer Bedeutung. Es ist wichtig, diese intensiv vorzubereiten, sich gute Antworten zu überlegen und die Beantwortung auch laut (nehmen Sie sich evtl. dabei auf) vorzutragen. Dabei geht es nicht darum, einen Text auswendig zu lernen!

Bei einer Initiativbewerbung zählen ganz besonders Ihr Motiv und die überzeugende Argumentation, warum man Sie einstellen sollte (das Motiv Ihres Gegenübers, sich für Sie zu entscheiden). Bitte überlegen Sie sich dazu genau, wie Sie argumentieren und welche Belege Sie anführen wollen!

### Ihr Auftreten

Wie bereits erläutert, geht es beim Vorstellungsgespräch vor allem um Sympathie und Vertrauen sowie um Leistungsbereitschaft und fachliche Kompetenz. Wenn Sie das Vertrauen Ihres Gegenübers gewinnen, dann werden Ihnen auch Leistungsbereitschaft und Kompetenz zugetraut. Man mag Sie einfach und vertraut Ihnen. Und das bedeutet dann: Man traut Ihnen den Job und die Bewältigung der Probleme auch zu, glaubt an Ihr Potenzial.

Der erfolgreiche Bewerber ist angemessen gelassen und selbstbewusst. Er ist höflich und konzentriert. Achten Sie an Ihrem großen Tag darauf, dass auch Ihr Aussehen, Ihr Auftreten und Ihre Kleidung stimmen.

### Die Frage nach dem Geld – Gehaltsverhandlungen

Ein wichtiger Bestandteil des Bewerbungsgesprächs ist natürlich auch die Gehaltsverhandlung. Aber sprechen Sie das Thema Geld nicht zu früh an. Gehen Sie selbstbewusst in die Gehaltsverhandlung. Machen Sie sich klar: Sie haben nichts zu verschenken!

- Sie können etwa 10 bis 20 Prozent mehr verlangen, als Ihr aktuelles Gehalt beträgt (rechnen Sie dabei auch die Sonderleistungen, Vergünstigungen etc. Ihres jetzigen Betriebs mit ein!).
- Bei Nachfragen zu Ihrem jetzigen Gehalt: Antworten Sie vorsichtig ausweichend, auf jeden Fall nicht zu konkret. Eigentlich ist die Nachfrage nicht gestattet. Sie könnten auch darauf hinweisen, dass Ihr jetziger Arbeitgeber nicht will, dass darüber gesprochen wird.
- Für Wiedereinsteiger: Informieren Sie sich über die aktuellen Tarifgehälter und Sonderleistungen (bei Gewerkschaften, Industrie- und Handelskammer, Verbänden usw.).

Wenn Sie sich informiert haben, was in Ihrer Branche gezahlt wird, legen Sie »Ihre Preisspanne« fest. Überlegen Sie, was Ihre eigenen Fähigkeiten und Ihr Erfahrungsschatz wert sind.

Erfahrungen aus der Praxis zeigen: Wer sich als Bewerber eindeutig unter Wert anbietet, wird nicht geschätzt. Wer sich selbst überschätzt, hat es sicher auch nicht leicht.

Wissen ist Macht, und Übung macht bekanntlich den Meister. Je besser Sie sich auf die Prüfungssituation Vorstellungsgespräch vorbereiten, umso gelassener können Sie auf heikle und schwierige Fragen reagieren.

### ✪ Checkliste: Vorstellungsgespräch

○ Überlegen Sie sich im Vorfeld gute Antworten auf die häufigsten Fragen im Vorstellungsgespräch.

○ Behalten Sie den Ablauf eines Vorstellungsgesprächs im Hinterkopf.

○ Hören Sie Ihrem Gegenüber aufmerksam zu.

○ Analysieren Sie die Fragen – erkennen Sie, was mit der Frage beabsichtigt ist.

○ Nehmen Sie sich Zeit zum Überlegen.

○ Fragen Sie ruhig einmal nach, ob Sie eine Frage richtig verstanden haben. So gewinnen Sie Zeit und können Ihre Antwort besser vorbereiten.

○ Überlegen Sie vorab kurz, was Sie mit der Antwort sagen und erreichen wollen, was Ihr Ziel ist.

○ Was spricht für Sie, was evtl. gegen Sie? Machen Sie sich das vorher bewusst und lassen Sie diese Erkenntnisse in Ihr Antwortverhalten einfließen.

○ Welche Belege für Ihre Fähigkeiten können Sie anbieten?

○ Wie können Sie eventuellen Einwänden begegnen?

○ Stellen Sie selbst auch Fragen: So können Sie sich als »interessant und mitdenkend« präsentieren.

## AUF DEN PUNKT GEBRACHT:

**Merkmale einer guten Initiativbewerbung**

1. Der Empfänger und Ansprechpartner sind nicht die »sehr geehrten Damen und Herren«, sondern der Inhaber, Geschäftsführer oder Personalchef.

2. Die E-Mail-Initiativbewerbung geht nicht an die sehr allgemeine Info-Mailadresse sondern direkt an einen der Entscheider persönlich.

3. Vorab ist telefonisch oder per E-Mail bzw. auch persönlich schon einmal Kontakt aufgenommen worden, sodass die Initiativbewerbung nicht völlig unvermittelt eintrifft.

4. Die E-Mail hat nicht mehr als drei Anhänge, besser nur einen (PDF-Datei unter fünf Megabyte), und eine klassische schriftliche Initiativbewerbung per gelber Post und Umschlag hat nicht mehr als vier A4-Seiten.

5. Die E-Mail-Bewerbung enthält alle Bestandteile (Anschreiben, Lebenslauf, alles kurz und die wichtigsten Zeugnisse), Unterschrift und Foto sind eingescannt, die Gesamtgröße liegt dabei unter fünf Megabyte.

6. Das Mitarbeitsangebot ist gut begründet, eine klare Dienstleistung wird angeboten und der Bewerber verdeutlicht, dass er sich intensiv mit dem Unternehmen beschäftigt hat.

7. Die Initiativbewerbung wirkt seriös und man erkennt: Hier hat sich jemand Gedanken gemacht, keine Mühen gescheut und mit Sorgfalt sein Mitarbeitsangebot zusammengestellt.

8. Die Betreffzeile ist klar formuliert (z. B. »Ihr neuer Mitarbeiter« oder auch »Initiativbewerbung«) und weder der Maskentext noch das Anschreiben enthalten nichtssagende Floskeln.

9. Es handelt sich erkennbar um keinen Massenversand bzw. das E-Mail-Angebot ist nicht auch schon an Mitbewerber geschickt worden.

10. Recherchen zum Absender ergeben kein negatives Bild in den einschlägigen Social-Media-Portalen, und die Business-Community-Profile auf XING und LinkedIn sind vorhanden und aktuell gepflegt. Noch ein Pluspunkt: Eine Verlinkung zur professionell gestalteten Website des Bewerbers ist in der Bewerbung enthalten und bietet einen klaren Bezug zum Mitarbeitsangebot.

# Was Sie noch wissen sollten

Das Autorenteam Hesse/Schrader ist seit über 30 Jahren auf dem Sektor der Bewerbungsratgeber sowie zu weiteren Themen aus der Arbeitswelt publizistisch tätig und hat im Laufe dieser Zeit mehr als 200 Bücher veröffentlicht. Am Anfang stand die erstmalige Veröffentlichung aller gängigen sogenannten Intelligenztests und deren kritische Reflexion in dem Buch *Testtraining für Ausbildungsplatzsucher* (1985) – allein dies inzwischen mit einer Gesamtauflage von knapp einer Million Exemplaren. Besonders interessant für die Bewerbung sind die Bücher im DIN-A4-Format, z. B. *Die perfekte Bewerbungsmappe*. Sie zeigen Musterbewerbungen im Originalformat.

Beide Autoren verfügen über eine langjährige Erfahrung als Seminarleiter bei Test- und Bewerbungstrainings. 1992 gründeten sie in Berlin das Büro für Berufsstrategie, das ausschließlich Arbeitnehmer in allen erdenklichen beruflichen Fragen berät und unterstützt.

## So gelangen Sie zu Ihrem Online Content

Liebe Leserin, lieber Leser,

um Sie bei Ihrem Bewerbungsvorhaben bestmöglich zu unterstützen, stellen wir Ihnen die im Buch enthaltenen Bewerbungsbeispiele zum Herunterladen und Bearbeiten im **RTF-Format** als **Online Content** zur Verfügung. Denken Sie daran, die Vorlagen nicht eins zu eins zu übernehmen, sondern Ihren eigenen Weg zu gehen. Individualität ist wichtig für den Bewerbungserfolg! Sie können aber von den Vorlagen profitieren, indem Sie sie für Ihre eigene Bewerbung anpassen und sich dadurch viel Arbeit und Mühe sparen.

Sie gelangen zu Ihrem Online Content, indem Sie die Seite **www.berufundkarriere.de/onlinecontent** aufrufen und den Anweisungen auf der Website folgen.

**LERNTESTAUSWERTUNG**

41 Punkte gab es insgesamt, aber das muss man nicht erreicht haben, ab 35 Punkte ist Ihr Ergebnis schon sehr gut.

Ab 30 Punkte ist Ihr Ergebnis ok bis gut.

20 bis 29 Punkte: Ihr Ergebnis ist gerade noch im Rahmen.

Unter 20 Punkte: Bitte nochmals lesen und üben!

# Unsere **Leseempfehlungen**

## Training Vorstellungsgespräch
Hesse/Schrader

Vorbereitung
Fragen und Antworten
Körpersprache und Rhetorik

Wer richtig trainiert, kann besser überzeugen.
Im Vorstellungsgespräch müssen Sie Ihren künftigen Arbeitgeber von Ihrer Kompetenz, Ihrer Leistungsmotivation und Ihrer Persönlichkeit überzeugen. Die Bewerbungsprofis Hesse/Schrader zeigen, wie Sie sich mit allen wichtigen Fragen und Antwortstrategien aus den verschiedenen Gesprächsphasen optimal vorbereiten. Die perfekte Selbstpräsentation können Sie trainieren!

Die wichtigsten Features auf der CD-ROM:

▷ die 100 häufigsten Fragen

▷ Hesse/Schrader-Videos

▷ Lerntests, Audiobeispiele, Rhetorikübungen

▷ umfangreiche Hintergrundinformationen

---

134 Seiten, 21 x 30 cm, Broschur, mit CD-ROM
**Best.-Nr. E10065**          € 17,95 (D) / € 18,50 (A)

## Neue Formen der Bewerbung
Hesse / Schrader

Innovative Strategien
Herausragende Gestaltungsideen
Netzwerke erfolgreich nutzen

Kann man mit einer besonders ungewöhnlichen Bewerbung erfolgreich sein?
Ja – sofern man authentisch bleibt, die Unterlagen auf die „Branche" abstimmt und sich positiv von den Mitbewerbern abhebt. Denn egal ob man die klassische schriftliche Bewerbung oder die digitale Variante wählt oder gleich auf die persönliche Kontaktaufnahme setzt: Entscheidend ist die Idee, die die Bewerbung unverwechselbar macht. Kompetent und praxisnah zeigen die Bewerbungsprofis Hesse/Schrader, wie man das Interesse des Personalchefs weckt.

Die zentralen Themen:

▷ Innovativ: Blog und Bewerbungsvideo

▷ Social Networks: Xing, Facebook & Co.

▷ Kreativ: Plakat, Profilcard, Steckbrief

▷ Vernetzt: Recruiting-Messen und Visitenkarten-Partys

---

168 Seiten, 19,5 x 19,5 cm, Broschur
**Best.-Nr. E10481**          € 16,95 (D) / € 17,50 (A)

bar

26-BK-R05

**Bestellungen bitte direkt an:**
STARK Verlag · Postfach 1852 · D-85318 Freising · info@berufundkarriere.de
Telefon 08167 9573-0 · Fax 0811 6000499-191 · www.berufundkarriere.de

**STARK**